Einleitung
1

In der zweiten Hälfte des 20. Jahrhunderts setzte sich zunehmend die Meinung durch, dass man in den industrialisierten Ländern Westeuropas und Nordamerikas die Seuchengefahr in den Griff bekommen habe (Kaufmann 2010). Hochrangige Gesundheitsexperten verkündeten, dass das Buch der Infektionskrankheiten wohl nun geschlossen werden könnte. Für diese optimistische Sicht gab es zahlreiche Gründe: Die Hygienestandards in unseren Breiten waren hoch, für viele Krankheiten standen Impfstoffe zur Verfügung und die meisten Infektionen konnte man mit Antibiotika und Virostatika erfolgreich behandeln. In anderen Regionen der Welt sah die Lage zwar nicht so gut aus, und auch der tödlichste Krankheitserreger der letzten Jahrhunderte – der Tuberkuloseerreger – schwelte weiter. Aber das alles war ja weit weg und sollte uns nicht allzu sehr kümmern. Diese eurozentrische Sicht blendete indes eine bedeutsame Entwicklung aus, nämlich die fortschreitende Globalisierung. Man hatte viel zu wenig berücksichtigt, dass wir in einem globalen Dorf wohnen und sich Erreger nicht um Passkontrollen scheren. Dieses Versäumnis rächt sich jetzt: Immer häufiger melden sich Infektionskrankheiten in Form globaler Seuchen zurück.

AIDS

Der erste Paukenschlag war Anfang der 1980er Jahre der Ausbruch einer neuartigen Infektionskrankheit in der Nordhälfte unseres Globus, der man den Namen AIDS (Acquired Immune Deficiency Syndrome, Erworbenes Immundefizienz-Syndrom) gab (Kaufmann 2010; UN-AIDS 2020a). Der Erreger dieser Krankheit, das humane Immundefizienz-Virus (HIV), breitete sich erst schleichend, dann immer rascher in Westeuropa und Nordamerika aus. Der Ausgangspunkt lag vermutlich in Westafrika. Bereits vor etwa 100 Jahren hatte es in Kinshasa, der Hauptstadt des Kongo, einen Ausbruch gegeben. Von dort aus breitete sich bis in die 1960er Jahre über die wichtigsten Verkehrswege in den Regionen südlich der Sahara eine Epidemie aus, die in den darauffolgenden Jahren zu einer Pandemie anschwoll (Box 1.1). Obwohl der Übertragungsweg für eine schnelle Ausbreitung eigentlich alles andere als optimal war (der Erreger wird über Körperflüssigkeiten übertragen, insbesondere beim Geschlechtsverkehr), konnte das Virus binnen kurzer Zeit auf der ganzen Welt Fuß fassen.

BOX 1.1:
EINIGE BEGRIFFSBESTIMMUNGEN AUS DER EPIDEMIOLOGIE

- **Ausbruch:** Räumlich und zeitlich sehr begrenztes Auftreten (häufig neuer) Krankheitsfälle;
- **Epidemie:** Räumlich und zeitlich begrenztes Auftreten von Krankheitsfällen;
- **Endemie:** Räumlich auf eine Region begrenztes, zeitlich aber unbegrenztes (häufig wiederholtes) Auftreten von Krankheitsfällen;
- **Pandemie:** Zeitlich begrenztes, räumlich aber unbegrenztes Auftreten von Krankheitsfällen, also Ausbreitung über die ganze Erde.

Heute stehen uns wirksame Behandlungsmöglichkeiten zur Verfügung. Die Entwicklung anti-retroviraler Therapeutika zur Behandlung von AIDS ist eine Erfolgsgeschichte der medizinischen Forschung. Dennoch bleibt AIDS weiterhin eine Bedrohung, denn trotz aller Fortschritte ist die Erkrankung weiterhin nicht heilbar. Schätzungen zufolge sind heute weltweit 38 Millionen Menschen mit HIV infiziert; jeder Fünfte von ihnen ist bislang ohne Symptome und weiß gar nicht, dass er sich angesteckt hat. Immer noch infizieren sich jährlich mehr als 1,5 Millionen Menschen neu mit HIV, und noch immer sterben jedes Jahr mehr als 750.000 Menschen mit einer HIV-Infektion (UNAIDS 2020a). Im Vergleich zu ihrem Höhepunkt um die Jahrhundertwende konnte HIV/AIDS zwar deutlich zurückgedrängt werden; dennoch ist diese Pandemie noch lange nicht besiegt.

„ALTE" SEUCHEN
Andere große Seuchen, wie die Tuberkulose und Malaria, wüten seit Jahrhunderten weitgehend ungebrochen (World Health Organization 2015, 2019b und 2020a). Allein im Jahr 2019 erkrankten zehn Millionen Menschen an Tuberkulose und knapp 230 Millionen Menschen an Malaria. 1,4 Millionen Menschen starben an Tuberkulose, über 400.000 an Malaria. Die Weltgesundheitsorganisation (World Health Organization, WHO) hält zwar eine weltweite Elimination der Tuberkulose bis 2035 und der Malaria bis 2050 für möglich. Derzeit sieht es allerdings nicht so aus, als könnte sich diese Prognose erfüllen. Das Problem hat sich im Gegenteil noch verschärft, weil immer mehr multiresistente Tuberkulose- und Malaria-Stämme auf dem Vormarsch sind, die mit den herkömmlichen Medikamenten nur schwer oder gar nicht zu besiegen sind.

RESISTENTE ERREGER

Auch in den industrialisierten Ländern nehmen Erreger mit antimikro-bieller Resistenz (AMR), gegen die Antibiotika immer weniger bis gar nicht wirken, bedrohlich zu (O'Neill 2016b). Vor allem in Krankenhäu-sern und Heimen ist die Gefahr besonders groß, sich mit gefährlichen Keimen anzustecken. Meist entwickelt sich dann eine Blutvergiftung oder Sepsis (World Health Organization 2020b). Wie gefährlich eine solche Erkrankung ist, zeigen folgende Zahlen: Im Jahr 2017 erkrank-ten weltweit knapp 50 Millionen Menschen an einer Sepsis, von de-nen etwa elf Millionen Menschen – also mehr als 20 Prozent – ver-starben.

Lange dachten wir, dass wir die AMR-Problematik in den Griff bekommen werden, indem wir kontinuierlich neue Antibiotika ent-wickeln (O'Neill 2016b; Bundesministerium für Gesundheit 2020; Clift 2019; Deutsche Akademie der Naturforscher Leopoldina 2013). Diese Hoffnung hat jedoch getrogen: Tatsächlich haben Forschung und Entwicklung in den vergangenen Jahrzehnten den Rückwärts-gang eingelegt. Zu aufwendig ist die Entwicklung neuer Antibiotika und zu gering sind die Gewinnspannen, sodass sich zahlreiche Phar-mafirmen aufgrund mangelnder Anreize aus diesem Sektor zurück-gezogen haben.

PANDEMIEN DES 21. JAHRHUNDERTS

Ein Umdenken setzte Anfang des 21. Jahrhunderts mit dem Auftau-chen von SARS (Severe Acute Respiratory Syndrome) ein (World Health Organization 2006; Kaufmann 2010). Die Infektionskrankheit, die durch ein bis dahin unbekanntes Coronavirus verursacht wird und schwere Atemwegssymptome hervorruft, wurde erstmals 2002 in China beobachtet. Selbst wenn Europa weitgehend verschont blieb, zeigte der Verlauf der SARS-Epidemie, welches Pandemie-Potential neu auftauchende Erreger in einer globalisierten Welt haben.

Dann kam es Schlag auf Schlag: 2012 wurde bei Patienten auf der arabischen Halbinsel die neuartige Erkrankung MERS (Middle East Respiratory Syndrome) diagnostiziert, die von einem anderen Corona-Virus hervorgerufen wird (Peck et al. 2015). 2014 betrat Ebola in West-afrika die Bühne. Dort konnte dieses Virus zwar weitgehend zurückge-drängt werden, dafür setzte es sich dann aber in der Demokratischen Republik Kongo und in Uganda fest (Quaglio et al. 2016). Als Nächstes gelangte dann 2015/2016 das Zika-Virus in die Schlagzeilen (Paixão et al. 2016). Dieses Virus wird von Tigermücken übertragen und hat ins-besondere für Neugeborene dramatische Folgen.

ENORME FINANZIELLE SCHÄDEN

Vor allem die Ebolafieber-Epidemie wirkte wie ein Weckruf. Der bislang schwerste Ausbruch der Viruskrankheit in Westafrika hatte der Weltgemeinschaft vor Augen geführt, dass sich in einer globalisierten Welt lokale Ausbrüche rasch zu einer Epidemie ausweiten können, von der es nur ein kleiner Schritt zur Pandemie ist (Jonas 2013; Global Preparedness Monitoring Board 2019; Policy Cures 2015; World Economic Forum 2016; Commission on a Global Health Risk Framework for the Future 2016). Auch die Weltbank und der Internationale Währungsfonds (IWF) waren alarmiert, weil nun ins Bewusstsein rückte, dass eine Pandemie auch gravierende Auswirkungen auf die Weltwirtschaft zur Folge hätte. Experten bezifferten das finanzielle Risiko einer Pandemie für die Weltbevölkerung auf 570 Milliarden US-Dollar. Das Ausmaß der zu erwartenden wirtschaftlichen Schäden lässt sich beispielhaft anhand eines Szenarios verdeutlichen: Sollte es alle zehn bis zwölf Jahre zu einer Pandemie kommen, würde uns dies jährlich 50 bis 60 Milliarden US-Dollar kosten.

Gleichzeitig zeigte die Ebola-Epidemie, dass globale Strategien nötig sind, um die drohenden Pandemie-Gefahren eindämmen zu können. Deshalb wurde u.a. 2017 die Initiative CEPI (Coalition for Epidemic Preparedness Innovations/Koalition für Innovationen in der Epidemievorbeugung) ins Leben gerufen (The Coalition for Epidemic Preparedness Innovations 2017). Zahlreiche Staaten (darunter Deutschland), Stiftungen, Forschungseinrichtungen und Pharmaunternehmen haben sich hier in einer öffentlich-privaten Partnerschaft zusammengeschlossen. Ziel ist es, auf Epidemien besser vorbereitet zu sein und die Entwicklung neuer Impfstoffe voranzutreiben. Das internationale Netzwerk fokussiert sich dabei auf einen speziellen, aber wichtigen Aspekt der Seuchenbekämpfung, nämlich die Impfstoffentwicklung gegen Erreger mit Pandemie-Potential. Bei der Gründung der Organisation setzte man nicht nur die erst seit kurzem bekannten Infektionskrankheiten SARS, MERS und Zika ganz oben auf die Dringlichkeitsliste, sondern auch die Erkrankung „X", um zu signalisieren, dass wir uns auch gegen völlig neue Pandemie-Erreger wappnen müssen.

FEHLENDES SURVEILLANCE

Die globale Impfstoff-Initiative CEPI war zwar ein richtiger und wichtiger Schritt. Dieser reichte aber bei weitem nicht aus, um drohende Pandemie-Gefahren in den Griff zu bekommen. Das hat sich auf dramatische Weise in der aktuellen „Corona-Krise" gezeigt. Ähnlich wie andere neuartige Erreger hat auch das SARS-Corona-Virus-2 (SARS-CoV-2) zunächst schrittweise die Bühne betreten. Begonnen hatte es Ende 2019 mit einem Infektionsausbruch in China, dem man allerdings zunächst nur wenig Beachtung schenkte. Schon nach kurzer Zeit stellte sich allerdings heraus, dass dieses Virus, das die Erkrankung COVID-19 (Corona Virus Disease 2019) verursacht, sehr viel radikaler ist als andere Erreger. Jetzt rächte sich, dass es die internationale Staatengemeinschaft versäumt hatte, effektive internationale Überwachungsstrukturen für neu auftauchende Erreger aufzubauen – und das, obwohl Pläne zu einem internationalen Surveillance-System schon längere Zeit auf dem Tisch lagen (World Health Organization 2005). So wurde nicht rechtzeitig erkannt, dass sich der neue Erreger mit beispielloser Geschwindigkeit über den gesamten Erdball ausbreitete und sich aus einem zunächst lokal begrenzten Infektionsherd sehr schnell eine Epidemie und schließlich sogar eine globale Pandemie entwickelte (siehe Box 1.2).

Auch in Deutschland war man auf einen solchen Ernstfall nicht vorbereitet. Zwar war bei uns bereits 2001 ein Infektionsschutzgesetz in Kraft getreten, das 2015 ergänzt wurde. Die zuständigen Behörden unterließen es aber, dieses Gesetz mit Leben zu füllen. Selbst einfachste Vorsorgemaßnahmen wurden nicht ausreichend umgesetzt. So standen beispielsweise zu Beginn der Krise keine ausreichenden Mengen an Schutzkleidung einschließlich Gesichtsmasken und Schutzhandschuhen zur Verfügung.

BOX 1.2:
MINDESTANFORDERUNGEN ZUR SEUCHENEINDÄMMUNG

- Ausstattung mit gut geführten Kliniken und Implementierung ausreichender Hygienestandards in allen Ländern;
- Sicherstellung einer funktionierenden medizinischen Grundversorgung in allen Ländern;
- Schaffung globaler Organisationen für den Kampf gegen Erreger ohne Grenzen;
- Einrichtung globaler Überwachungsstrukturen, die rasch neue Gefahrenherde ausmachen, möglichst bevor sich aus einem lokalen Ausbruch eine Epidemie entwickelt;
- Einrichtung eines internationalen Zentrums für globale Notfallmaßnahmen, das wirksame Eingriffe bei Gefahrensituationen gewährleistet;
- Stärkung von Forschung und Entwicklung für neue Medikamente, Impfstoffe, Diagnostika, medizinische Geräte sowie Ausrüstung für den Infektionsschutz.

Quelle: in Anlehnung an Kaufmann, 2016, S. 406

ÜBERBLICK

In dieser Broschüre will ich auf zwei besonders wichtige Infektions-
probleme unserer Zeit exemplarisch eingehen: Das Auftreten neuer
Erreger mit Pandemie-Potential mit Schwerpunkt auf SARS-CoV-2/
COVID-19 sowie von Erregern mit AMR. Gleich zu Beginn werde ich
die aktuelle COVID-19-Katastrophe beleuchten, die unser aller Leben
grundlegend verändert hat. Danach werde ich die wichtigsten mikro-
biologischen und immunologischen Grundlagen darstellen sowie die
grundlegenden Prinzipien der Antibiotikaresistenz und der Impfung
beschreiben. Anschließend wende ich mich der bedrohlichen AMR-
Problematik zu. Das Auftreten immer neuer Resistenzen führt dazu,
dass sich bislang gut behandelbare Infektionen in schwerwiegende,
im schlimmsten Fall tödliche Erkrankungen verwandeln können. Zum
Schluss werde ich einige Zukunftsszenarien skizzieren in der Hoffnung,
dass wir aus der derzeitigen Krise, die uns alle so hart trifft, die entsprechenden Lehren ziehen, um eine Wiederholung auszuschließen.

Bereits 2007 hatte ich ein Buch über die wachsende Seuchengefahr geschrieben, mit einem Update im Jahr 2016. Viele der heute
eingetroffenen Probleme hatte ich damals vorausgesagt (Kaufmann
2007, 2010 und 2016). Ich wünschte, ich hätte mich geirrt. An einigen
Stellen werde ich daraus zitieren, denn Vieles hat auch heute noch
Gültigkeit, und manche Befürchtungen haben sich auf erschrecken-
de Weise bewahrheitet. Gerade weil wir nicht voraussagen können,
welcher Erreger beim nächsten Mal zuschlagen wird, ist es wichtig,
dass wir auf ein starkes Gesundheitswesen und auf bestmögliche
medizinische Interventionsmaßnahmen zurückgreifen können, in erster Linie bessere Diagnostika, Medikamente und Impfstoffe. Oberste
Priorität muss aber die Prävention haben, in deren Zentrum ein international vernetztes Frühwarnsystem für neu ausbrechende Erreger
stehen muss.

SARS-CoV-2/COVID-19

2

1. DER AUSBRUCH DER SEUCHE
2. DIE WICHTIGSTEN BIOMEDIZINISCHEN INTERVENTIONS-MASSNAHMEN GEGEN SARS-COV-2/ COVID-19
3. TESTUNG UND DIAGNOSE
4. THERAPIE
5. IMPFSTOFFE GEGEN COVID-19
6. NEUE FORTSCHRITTE IM KAMPF GEGEN COVID-19

2.1
Der Ausbruch der Seuche

Offiziell gilt der 1. Dezember 2019 als der Tag, an dem in China erstmals eine neuartige Krankheit diagnostiziert wurde, die man später COVID-19 nannte. Wahrscheinlich war es bereits früher sporadisch zu Erkrankungen gekommen, so gab es wohl bereits einen Fall am 17. November 2019. Die ersten Krankheitsfälle traten in Wuhan auf, der Hauptstadt der Provinz Hubei. Bald stellten sich immer mehr Ähnlichkeiten mit der Infektionskrankheit SARS heraus, die zuerst im November 2002 in der südchinesischen Provinz Guangdong aufgetaucht war und anschließend eine Pandemie auslöste – die erste Pandemie des 21. Jahrhunderts (World Health Organization 2006; MacKenzie 2020).

Im Nachhinein können wir viele Parallelen zwischen den beiden Erkrankungen ziehen: Beide werden von Coronaviren ausgelöst, und beide rufen schwere Lungenerkrankungen hervor. Zur Unterscheidung wurden folgende Begriffe gewählt: Der Erreger von 2002 wird als SARS-CoV-1 (Severe Acute Respiratory Syndrome Coronavirus 1) bezeichnet, der Erreger der jetzigen Pandemie als SARS-CoV-2. Die Erkrankung von damals wird SARS genannt, bei der jetzigen sprechen wir von COVID-19 (Coronavirus Disease 2019). Die Bezeichnung weist u.a. auf das Jahr hin, in dem die Krankheit erstmals auftrat.

SARS-CoV-1 war ein gefährlicher Erreger: 8.000 Menschen erkrankten daran, 800 von ihnen starben – somit gab es eine Letalität (Tödlichkeit der Erkrankung) von zehn Prozent. Allerdings hatte das Virus SARS-CoV-1 die Übertragung von Mensch-zu-Mensch noch nicht perfektioniert. Die Infizierten waren erst dann ansteckend, wenn sie bereits schwer erkrankt waren. Mit Hilfe strenger Einschränkungen gelang es, das Virus noch einmal unter Kontrolle zu bringen. Noch besser wäre es gewesen, wenn die chinesische Regierung die sich anbahnende Pandemie nicht monatelang vertuscht hätte. Erst am 10.

Februar 2003 informierte China die WHO. Außerdem hätte die Weltbevölkerung die Warnsignale ernster nehmen müssen (siehe Box 2.1).

BOX 2.1

>> Was wir in Zukunft dringend benötigen, sind verstärkte Systeme zur Überwachung und Früherkennung, die uns auch in die Lage versetzen, uns über einen erkannten Ausbruch so schnell wie möglich und so transparent wie möglich zu informieren … Nicht zuletzt ist dies auch ökonomisch die sinnvollste Methode. Für 25 Milliarden US-Dollar, die SARS mindestens kostete (andere gehen von 100 Milliarden US-Dollar aus), könnten die meisten Millennium-Entwicklungsziele der Vereinten Nationen für Afrika erreicht werden. <<

Quelle: in Anlehnung an Kaufmann, 2010, S. 194

SARS-COV-1/-2

Begonnen hatte die SARS-Pandemie von 2002 auf einem Fleischmarkt in Guangdong, auf dem auch lebende Wildtiere angeboten wurden. Schon bald stand fest, dass der Ursprungsort des Erregers eine bestimmte Fledermausart war. Es stellte sich allerdings die Frage, wie das Virus auf den Menschen überspringen konnte. Bei der Suche nach einem möglichen Überträger geriet eine Schleichkatzenart in Verdacht, die auf dem Markt in Guangdong feilgeboten wurde. Diese Tiere galten in China als Delikatesse. Wahrscheinlich sprang der Erreger von Fledermäusen auf die Katzen und dann von dort auf die Menschen über, die deren Fleisch verarbeiteten und verspeisten.

Das eigentliche Reservoir des Erregers aber ist die Fledermaus. Es ist daher gut möglich, dass auch eine direkte Übertragung von Fledermäusen auf den Menschen stattgefunden hat, und zwar über die Exkremente der Tiere. Getrocknete Fledermausexkremente werden in der traditionellen chinesischen Medizin (TCM) eingesetzt. Auf diesem Weg könnten die Viren auf den Menschen übergesprungen sein. Zwar dürften die Viren in dem verarbeiteten Trockenmaterial bereits abgestorben sein, aber bei dem vorherigen Einsammeln und Verarbeiten der Exkremente bestand auf jeden Fall ein Ansteckungsrisiko.

Ähnliches könnte auch für den Erreger SARS-CoV-2 gelten. Nach dem Auftreten dieses bis dahin unbekannten Virus verdächtigte man ebenfalls Wildtiere als Überträger. In diesem Fall waren es Pangoline. Diese vom Aussterben bedrohten Schuppentiere gelten in Asien ebenfalls als Delikatesse und erzielen auf den dortigen Märkten hohe

Preise. Auch auf dem Markt in Wuhan wurden Pangoline angeboten und könnten dort als Überträger fungiert haben.

Ursprünglich stammt aber auch SARS-CoV-2 von Fledermäusen ab. Wahrscheinlich ist auch dieses Virus über deren Exkremente übertragen worden. Möglich ist auch, dass die Schuppentiere beim Verspeisen von Insekten auch den verseuchten Kot der Fledermäuse aufgenommen und dann das Virus an die Menschen weitergegeben haben.

MERS

Als der Spuk der SARS-Krise vorbei war, tauchte 2012 ein neues Schreckgespenst auf (Peck et al. 2015). Bei einem Patienten in Saudi-Arabien wurden SARS-ähnliche Symptome diagnostiziert. Wieder gingen die Behörden zunächst sehr zögerlich und intransparent vor. Dennoch wurde bald klar, dass es sich hier um eine weitere von Coronaviren übertragene Erkrankung handelte. Die Krankheit wurde MERS (Middle East Respiratory Syndrome) und der Erreger MERS-CoV genannt. Wahrscheinliche Zwischenwirte sind Kamele und Dromedare, die nur eine leichte Erkrankung durchmachen und auf die der Erreger wohl auch in diesem Fall von Fledermäusen übergesprungen war. Bis Ende 2019 hatte sich das Virus auf 27 Länder ausgebreitet, mit etwas mehr als 2.500 Krankheitsfällen und etwas mehr als 880 Todesopfern. Mit einer Letalität von knapp 35 Prozent ist MERS eine außerordentlich schwer verlaufende Erkrankung der tieferen Atemwege. Der Erreger nistet sich in den Lungenbläschen ein, wo er schwere Schäden anrichtet. Dass sich die Viren tief in der Lunge vermehren, hat neben der Schwere der Erkrankung auch noch einen anderen Effekt: Eine infizierte Person wird erst ansteckend, wenn sie erkrankt ist. Inzwischen konnte MERS unter Kontrolle gebracht werden, völlig verschwunden ist die Krankheit allerdings noch nicht.

WARUM FLEDERMÄUSE?

Fledermäuse dienen nicht nur als Reservoir für Coronaviren, die für SARS, MERS und COVID-19 verantwortlich sind, sondern auch für zahlreiche andere neu aufgetauchte Krankheitserreger wie Ebola-, Marburg-, Nipah- und Lassaviren sowie auch für die schon lange bekannten viralen Erreger für Tollwut und Hepatitis C (MacKenzie 2020). Im Gegensatz zum Menschen, für den all diese Erreger hoch gefährlich sind, haben Fledermäuse damit kein Problem. Hierfür gibt es neben verschiedenen anderen Faktoren, die für die jeweiligen Krankheiten spezifisch sind, vor allem einen Grund: Fledermäuse sind in der Lage, Entzündungsreaktionen auf Sparflamme herunterzufahren. Krankhei-

ten, bei denen schwere Symptome auf eine überschießende Immunreaktion – einen sogenannten Zytokinsturm – zurückzuführen sind, verlaufen deshalb bei Fledermäusen nicht so heftig oder sogar harmlos.

COVID-19

Bis Ende Dezember 2019 waren offiziell 59 Fälle der neuartigen Krankheit in China bekannt (MacKenzie 2020; Weltgesundheitsorganisation
2020, Johns Hopkins Coronavirus Resource Center; European Centre
for Disease Prevention and Control 2020c). Zu dieser Zeit konnte man
SARS-CoV-1, MERS-CoV, Influenzaviren und andere Viren als Ursache
bereits ausschließen, der Auslöser war aber immer noch unklar. Am 7.
Januar 2020 gaben die chinesischen Behörden bekannt, dass man bei
mehreren Erkrankten ein neuartiges Coronavirus identifiziert habe.
Die Gensequenz des Erregers war nun zwar bestimmt, wurde aber
nicht gleich veröffentlicht. Möglicherweise wollte die chinesische Seite eine Panik vermeiden und zunächst erst weitere Erkenntnisse über
die Krankheit gewinnen, vor allem darüber, wie ansteckend sie ist.
Dieses intransparente Vorgehen erwies sich indes als ein Fehler. Spä-
testens Mitte Januar war die Behauptung der chinesischen Behörden,
dass es keine Anzeichen für eine Mensch-zu-Mensch-Übertragung
gebe, widerlegt: Inzwischen waren in anderen Teilen Chinas und mehreren asiatischen Nachbarländern COVID-19-Fälle bekannt geworden,
die nicht auf eine Ansteckung in Wuhan zurückgeführt werden konnten, sondern auf eine Übertragung vor Ort hinwiesen.

Am 20. Januar 2020 sprach Chinas Präsident Xi Jinping zum ersten Mal öffentlich eine deutliche Warnung aus – mehr als anderthalb
Monate nach dem ersten offiziellen Bericht über COVID-19. Diese
Warnung war nicht zuletzt auch deshalb dringend nötig, weil das chinesische Neujahrsfest vor der Tür stand. Normalerweise reisen zu dem
wichtigsten traditionellen chinesischen Feiertag hunderte Millionen
Menschen kreuz und quer durch China. Um zu verhindern, dass sich
das Virus durch eine gigantische Migrationsbewegung in alle Landes-
teile verstreut, wurden drastische Reisebeschränkungen beschlossen.
Am 23. Januar 2020 wurde Wuhan, der Ursprungsort der Pandemie,
unter vollständige Quarantäne gestellt. Mehr als zwei Monate lang war
die Elf-Millionen-Stadt komplett abgeriegelt: Flughafen und Bahnhöfe
waren geschlossen, der Nahverkehr eingestellt. Die Bewohner durften
die Stadt nicht mehr verlassen, innerhalb der Stadt galten Ausgangs-
sperren. Diese rigorose Maßnahme hat zweifelsohne entscheidend
zur Eindämmung der Seuche in China beigetragen. Noch wirksamer
wäre es allerdings gewesen, wenn die chinesischen Behörden die Pan-
demie-Gefahr nicht verleugnet und frühzeitiger reagiert hätten. In den

Tagen vor der Abriegelung hatten schon bis zu fünf Millionen Menschen Wuhan verlassen, von denen viele bereits infiziert waren.

Zu den Opfern der Pandemie gehörte auch der Augenarzt Li Wenliang, der an einer Klinik in Wuhan arbeitete. Dieser hatte als Erster über Weibo (ein chinesisches Pendant zu Twitter) öffentlich vor einer neuartigen Lungenkrankheit und ihrer Ansteckungsgefahr gewarnt. Nachdem sich die Warnung im Internet verbreitet hatte, setzten die chinesischen Behörden den Arzt und mehrere seiner Kollegen massiv unter Druck. Li Wenliang musste eine Schweigepflichterklärung unterschreiben, gegen die er allerdings später verstieß. Der Arzt erkrankte schließlich selbst an COVID-19 und starb am 7. Februar 2020. Später wurde er rehabilitiert und als Held des Volkes gewürdigt. Ende Februar 2020 war der Gipfel der Infektionen in China überschritten, die Zahl der Neuansteckungen ging zurück. Die globale Ausbreitung ließ sich allerdings nicht mehr aufhalten. Bereits am 30. Januar 2020 nannte die WHO den Ausbruch einen Notfall von internationaler Bedeutung und löste damit die höchste Alarmstufe aus. Am 11. März 2020 erklärte die WHO COVID-19 offiziell als Pandemie.

ZWISCHENBILANZ

In einer Zwischenbilanz müssen wir feststellen, dass die chinesischen Behörden nach dem Ausbruch der neuartigen Krankheit zunächst sehr intransparent agierten. Dies lag u.a. auch an dem ungenügenden Informationsfluss zwischen den lokalen Behörden in Wuhan und der Regierung in Peking. Anfangs versuchten die Behörden, die Gefährlichkeit des Virus zu vertuschen mit der Folge, dass die Ausbreitung erst verspätet eingedämmt werden konnte. Es ist auf der anderen Seite auch nachvollziehbar, dass man beim Ausbruch einer neuen Krankheit erst einmal die wichtigsten Details zusammentragen wollte. Die Balance zwischen Aufklärung und Panikmache ist bei Ausbrüchen mit einem neuen Erreger mit unbekanntem Pandemie-Potential immer sehr schwer. So konnte sich aus dem Ausbruch in Wuhan eine Epidemie entwickeln, von der zahlreiche Regionen Chinas betroffen waren. Binnen kurzer Zeit gelang es dem Virus, die Grenzen Chinas zu überschreiten. Die Tür zu einer globalen Pandemie war geöffnet.

Auch der Rest der Welt hatte Schwierigkeiten, das Pandemie-Potential von Anfang an richtig einzuschätzen. Insgesamt schienen die meisten Staaten, so auch die USA, Russland und viele EU-Mitgliedstaaten, noch weniger vorbereitet zu sein als China. In China zeigten die drastischen behördlichen Einschränkungen nach dem 23. Januar 2020 deutliche Wirkung. Zu diesem Schluss kam auch ein internationales Team unter der Leitung der WHO, das sich Ende Februar 2020 über die Entwicklung in China informierte. Nach Ansicht der WHO-Experten konnte mit den dort getroffenen Maßnahmen die Ausbreitung von SARS-CoV-2 drastisch eingedämmt und dadurch auch die Geschwindigkeit der weltweiten Ausbreitung abgebremst werden.

2.2
Die wichtigsten biomedizinischen Interventionsmaßnahmen gegen SARS-CoV-2/ COVID-19

Bevor wir auf die wichtigsten biomedizinischen Interventionsmaßnahmen eingehen, werfen wir einen Blick auf ABB. 2.1. Vereinfacht dargestellt ist hier der typische Infektions- und Krankheitsverlauf. Anfang Dezember 2020 waren weltweit über 64 Millionen Menschen als infiziert gemeldet und über 1,4 Millionen an oder mit SARS-CoV-2 verstorben (Daten nach Johns Hopkins Coronavirus Resource Center); in Deutschland wurden über 1,1 Millionen als infiziert gemeldet und über 17.000 an oder mit SARS-CoV-2 als verstorben gezählt (Daten nach Robert Koch-Institut, COVID-19 Webseite). Der Anteil der Erkrankten unter den Infizierten ist weiterhin unklar und liegt bei grob geschätzten 50 Prozent. Einher geht diese Krise mit den bislang unvorstellbaren Kosten von aktuell geschätzten 375 Milliarden US-Dollar – und das Monat für Monat.

ABB. 2.1:
VEREINFACHTE DARSTELLUNG: INFEKTIONSVERLAUF MIT SARS-COV-2 SOWIE RISIKO UND VERLAUF DER ERKRANKUNG COVID-19

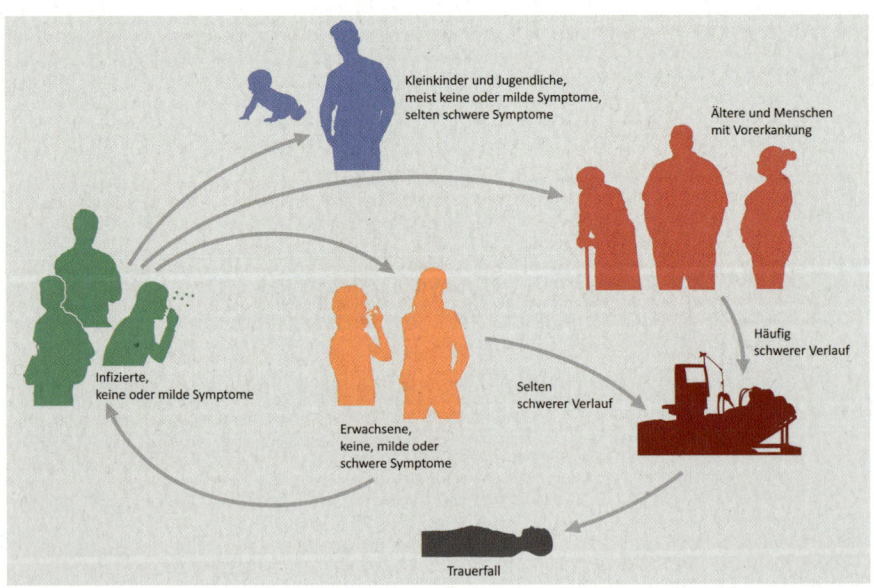

Quelle: Kaufmann, eigene Darstellung

Im Wesentlichen wird derzeit COVID-19 mit den klassischen Methoden der Epidemiologie und Hygiene bekämpft. Dies sind: Häufiges Händewaschen, Tragen von Masken, soziale Distanzierung (was eigentlich besser als Abstandhalten bezeichnet werden sollte), Lockdown, also Schließung von öffentlichen und privaten Veranstaltungsorten etc., sowie Quarantäne für ansteckende Personen. Hier wollen wir uns hauptsächlich mit den biomedizinischen Interventionsmaßnahmen beschäftigen. Ebenso wie bei anderen ansteckenden Krankheiten basiert auch hier das strategische Vorgehen auf drei miteinander verzahnten Puzzleteilen: Diagnose, Therapie und Prävention. Damit die Maßnahmen auch den gewünschten Erfolg erzielen, dürfen die drei Bereiche nicht unabhängig voneinander betrachtet werden (siehe ABB. 2.2). Schließlich hängen sie alle drei eng miteinander zusammen: Je frühzeitiger eine Infektion oder Erkrankung diagnostiziert wird, desto frühzeitiger kann sie behandelt und damit ein schwerer Verlauf vermieden werden. Außerdem lassen sich die Infektionsketten besser eindämmen, weil schneller hygienische und andere Maßnahmen getroffen werden können. Und wer durch eine Impfung geschützt ist, erkrankt nicht, benötigt also keine Medikamente und ist möglicherweise nicht ansteckend. Einem bereits Erkrankten hilft eine Impfung meist nicht mehr, dann steht vielmehr die Therapie im Vordergrund.

ABB. 2.2:
VERZAHNUNG ZWISCHEN IMPFSTOFFEN, DIAGNOSTIKA UND MEDIKAMENTEN

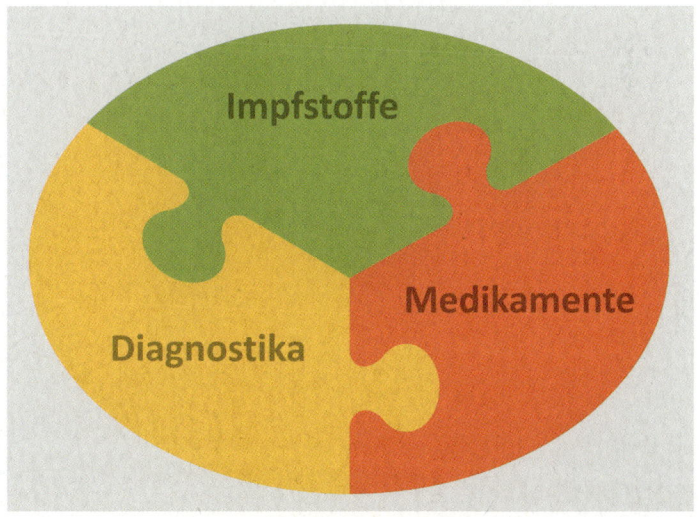

Quelle: Kaufmann, eigene Darstellung

ERREGERNACHWEIS

Die Diagnose viraler Infektionen gelingt heute in erster Linie mit der Polymerase-Kettenreaktion (PCR). Diese 1983 entwickelte Methode ist eines der wichtigsten Werkzeuge der modernen Molekularbiologie. Mit ihr lassen sich virale Nukleinsäuren (DNA oder RNA) mit hoher Sensitivität und Spezifität nachweisen – und das, obwohl Viren eigentlich schwer zu „packen" sind: Viren sind eigenständig nicht lebensfähig. Um sich vermehren zu können, sind sie auf den Stoffwechsel einer geeigneten Wirtszelle angewiesen. Da aber ihr Erbgut, das die wesentlichen Informationen zu ihrer Vermehrung trägt, in Nukleinsäuren verankert ist, können wir sie über diesen Weg ausfindig machen.

Um den Erreger SARS-CoV-2 identifizieren zu können, müssen zunächst die genetischen Informationen umgeschrieben werden (Corman et al. 2020). Die einzelsträngige RNA (Ribonukleinsäure) muss in die doppelsträngige DNA (Desoxyribonukleinsäure) umgewandelt werden. Dies gelingt mit Hilfe eines Enzyms namens Reverse Transkriptase, entsprechend heißt der Test RT-PCR (Reverse Transcriptase-Polymerase Chain Reaction / Reverse Transkriptase-Polymerase Kettenreaktion).

Die derzeit am häufigsten angewandten Tests weisen vor allem zwei Schwächen auf: Erstens dauert es noch relativ lange, bis das Ergebnis vorliegt. Außerdem sind sie nur bedingt aussagekräftig, weil es nach einer Infektion noch einige Tage dauert, bis die Viren nachweisbar sind und der Test anschlägt. Die täglich vom Robert Koch-Institut gemeldeten Infektionszahlen stellen daher nur eine Momentaufnahme dar, die zum Zeitpunkt der Veröffentlichung im Grunde schon wieder überholt ist. Um ein möglichst aktuelles und genaues Bild über die Infektionslage bekommen zu können, brauchen wir Schnelltests, die schon nach kürzester Zeit mit hoher Sicherheit eine Infektion nachweisen. Am besten wäre es natürlich, wenn sich damit ein hundertprozentiger Nachweis erbringen ließe.

Tatsächlich können aber seltene falsch positive Testergebnisse (d.h. falsche Anzeige einer Infektion) oder falsch negative Ergebnisse (kein Nachweis trotz Infektion) nicht ganz ausgeschlossen werden. Aus epidemiologischer Sicht stellen die falsch negativen Testergebnisse das größere Problem dar, weil die betroffenen Personen das Virus in sich tragen und erstens erkranken und zweitens weitere Menschen anstecken können.

NACHWEIS EINER INFEKTION UND IMMUNITÄT

Zunehmend an Bedeutung gewinnen Tests, die anzeigen, ob jemand eine SARS-CoV-2-Infektion durchgemacht hat. Da jede Infektion eine Immunantwort auslöst, sucht man gezielt nach Spuren, die darauf hindeuten, dass sich der Körper gegen einen spezifischen Erreger wehrt oder gewehrt hat. Ein sicheres Indiz hierfür ist die Existenz von entsprechenden Antikörpern im Serum. Antikörper sind ein Reaktionsprodukt des Immunsystems, das immer dann entsteht, wenn Fremdstoffe in den Körper eindringen. Sie sind hochspezifisch, d.h. sie binden sich passgenau an die Oberflächen dieser Fremdkörper, die sogenannten Antigene.

Bei SARS-CoV-2 lassen sich diese Antikörper mit zwei Verfahren nachweisen: dem Enzyme-linked Immunosorbent Assay (ELISA) und dem sogenannten Chemiluminescent Immunoassay. Hierbei werden Antigene oder Antigen-Bruchstücke an einer Oberfläche fixiert. Dann wird untersucht, ob sich Antikörper aus dem Blut der Testpersonen spezifisch an „ihr" Antigen binden. Diese werden mit einem zuvor markierten Zweitantikörper erfasst. Typischerweise sind die Zweitantikörper spezifisch für die Antikörper-Klassen IgG, IgA und/oder IgM (siehe Kap. 4). Durch diese Spezifizierung lässt sich feststellen, ob eine gesunde Person eine Infektion gerade durchmacht oder bereits früher durchgemacht hat. Noch ist unklar, wie lange bei SARS-CoV-2 die sogenannten Antikörper-Titer im Serum anhalten und wie lange die Immunantwort andauert. Deshalb werden diese Antikörper-Tests in erster Linie für epidemiologische Untersuchungen genutzt.

Um den Kampf gegen die Erreger gewinnen zu können, kommt es vor allem auf die Spezifität der Antikörper an. Diese kann von konservierten Antigen-Abschnitten, die in verschiedenen Coronaviren vorkommen, bis hin zu SARS-CoV-2 spezifischen Abschnitten reichen, die lediglich auf die Infektion mit diesem Erreger anschlagen. Von besonderer Bedeutung sind Antikörper, die exakt den Antigen-Abschnitt erkennen, der für das Andocken an die körpereigenen Zellen verantwortlich ist. Dies sind nämlich die schützenden Antikörper, weil sie die Viren neutralisieren und damit ausschalten. Diese Antikörper sind auch am besten geeignet, um die Schutzwirkung einer Impfung nachverfolgen zu können. Wir nennen solche Marker, die den Schutz nach einer natürlichen Infektion oder einer Impfung anzeigen oder sogar voraussagen, Korrelate des Schutzes.

Die Immunantwort des Körpers äußert sich aber nicht nur in der Bildung von Antikörpern, sondern wird auch von T-Zellen getragen

(Braun et al. 2020; Grifoni et al. 2020) (siehe Kap. 4). Im Gegensatz zu den hochpräzisen Antikörpern, bei denen Spezifität mit Schutz einhergehen kann, ist dies bei T-Zellen nicht automatisch gegeben. So töten beispielsweise Killer-T-Zellen, die eine infizierte Zelle erkennen, die gesamte Zelle mit allen ihren Viren ab. Bei diesen Zellen ist eine exakte Spezifität für den Schutz gar nicht nötig.

Eine Immunantwort auf eine SARS-CoV-2-Infektion lässt sich auch bei anderen T-Zellen feststellen. So können T-Zellen, die durch banale Coronaviren stimuliert wurden, die Schnupfen hervorrufen, auch solche Zellen erkennen, die mit SARS-CoV-2 infiziert sind – vorausgesetzt, dass das erkannte Bruchstück in beiden Virustypen vorkommt. Es konnte gezeigt werden, dass viele gesunde Menschen T-Zellen besitzen, die SARS-CoV-2 infizierte Zellen erkennen, obwohl sie sich bisher nicht mit diesem Erreger infiziert haben. Diese T-Zellen können eine Infektion mit SARS-CoV-2 wohl kaum verhindern, aber möglicherweise zum Schutz gegen COVID-19 beitragen, indem sie den Krankheitsverlauf mildern.

ABB. 2.3:
VEREINFACHTE DARSTELLUNG: VIRUSAUFNAHME UND -VERMEHRUNG IN KÖRPERZELLEN SOWIE STIMULATION DER IMMUNANTWORT

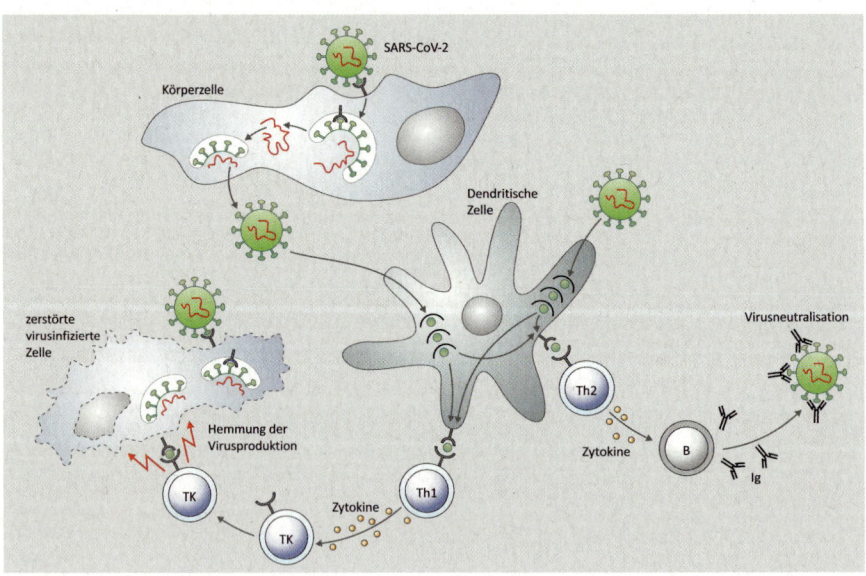

SARS-CoV-2 ist wie alle Coronaviren ein RNA-Virus. Mit Hilfe von Oberflächenstrukturen bindet das Virus an Rezeptoren auf Wirtszellen. Besonders wichtig ist die Bindung zwischen dem viralen Spike-Protein und einem Rezeptor auf Körperzellen für ein Molekül mit dem Namen ACE-2

(Angiotensin konvertierendes Enzym 2). Dieser Rezeptor wird von verschiedenen Körperzellen auf der Oberfläche exprimiert, sodass das SARS-CoV-2-Virus unterschiedliche Organe befallen kann. Nachdem das Virus in die Zelle eingedrungen ist, öffnet sich die Hülle und die virale RNA wird freigesetzt. Dies ermöglicht die Synthese neuer Virionen, die dann als vollständige Viren freigesetzt werden. Für die Stimulation einer schützenden Immunantwort müssen die Viren von sogenannten Antigen-präsentierenden Zellen, insbesondere dendritischen Zellen aufgenommen werden. In diesen Zellen werden Virus-Proteine verdaut und Peptidbruchstücke von Referenzstrukturen auf der Oberfläche angeboten. Dies erlaubt die Stimulation von T-Helfer-Zellen, die erstens als T-Helfer-2-Zellen die B-Lymphozyten über die Freisetzung von Zytokinen stimulieren. Dadurch werden die B-Lymphozyten angeregt, Antikörper zu produzieren. Diese Antikörper können das SARS-CoV-2-Virus neutralisieren. Zweitens stimulieren die T-Helfer-1-Zellen über die Produktion von Th1-Zytokinen Killer-T-Zellen, die virusinfizierte Wirtszellen zerstören und dadurch die Virusproduktion hemmen. Für weitere Informationen siehe Kapitel 4.

Abkürzungen: Th1: T-Helfer-1-Zelle; Th2: T-Helfer-2-Zelle; TK: Killer-T-Zelle; SARS-CoV-2: Severe Acute Respiratory Sydrome Coronavirus 2

Quelle: Kaufmann, eigene Darstellung

ZUSAMMENFASSUNG

Kurz zusammengefasst: Die Diagnose von SARS-CoV-2 basiert in erster Linie auf einer RNA-Testung, die die Anwesenheit von Erregermaterial aufzeigt, aber wenig über den Infektionsverlauf, geschweige denn das Risiko einer Erkrankung aussagen kann. Hierzu werden immunologische Tests benötigt, die spezifische Antikörper messen können. Daneben sollten Tests auf spezifische T-Zellen entwickelt werden. Dies ist aber deutlich aufwendiger und bleibt derzeit auf Forschungslabors beschränkt. Zum besseren Verständnis der Infektion mit SARS-CoV-2 und der dadurch angestoßenen Immunantwort sei auf ABB. 2.3 verwiesen. Auf die Grundlagen der Immunität wird in Kapitel 4 eingegangen.

2.4
Therapie

VIROSTATIKA

Virostatika sind niedermolekulare Arzneimittel mit einem bestimmten Wirkstoff, der die Vermehrung von Viren hemmt. Die Behandlung von COVID-19 mit antiviralen Medikamenten steckt noch in den Kinderschuhen (Pan et al. 2020; Vfa 2020). Lediglich für ein Virostatikum, nämlich Remdesivir, wurde eine schwache Wirkung gegen SARS-CoV-2 gefunden, die aber nicht bestätigt werden konnte (Pan et al. 2020; Beigel 2020). Dieses Medikament wurde ursprünglich gegen Ebola entwickelt. Bei schweren COVID-19-Fällen ließ sich damit in einigen Fällen eine Verbesserung erzielen. Gegen SARS-CoV-2 werden also dringend neue und bessere antivirale Medikamente benötigt. Zwar laufen Forschung und Entwicklung auf Hochtouren, bislang wurden aber noch keine Durchbrüche bekannt.

WIRTSGERICHTETE THERAPEUTIKA

Eine weitere Behandlungsmöglichkeit ist der Einsatz spezifischer Antikörper, die das Andocken des Virus an Wirtszellen blocken. Dafür kommen in einem ersten Schritt Antiseren von Rekonvaleszenten in Frage, also gereinigte Antikörper aus Plasma von Menschen, die eine SARS-CoV-2-Infektion oder gar eine Erkrankung durchgemacht haben. In den USA wurde inzwischen eine derartige Therapie mit spezifischen Antikörpern aus Plasma (Konvaleszenten-Plasma) über eine Notfallzulassung vorläufig genehmigt.

Langfristig sind allerdings Therapieansätze mit monoklonalen Antikörpern vorzuziehen. Zwei Präparate aus monoklonalen Antikörpern erhielten vor Kurzem die Notfallzulassung in den USA. Die Produktion von monoklonalen Antikörpern ist allerdings aufwendig, entsprechend teuer sind dann auch die darauf basierenden Medikamente (Ledford 2020). Günstiger und rascher lassen sich dagegen Nanokörper herstellen. Erste Ansätze mit dieser neuen Wirkstoffklasse erscheinen durchaus vielversprechend (siehe Kap. 5).

Ein anderer wichtiger Therapieansatz sind niedermolekulare Substanzen, die bereits bei anderen Krankheitsbildern eingesetzt werden (Stratton et al. 2020). Ein Beispiel hierfür ist das Medikament Dexamethason, das eine überschießende Entzündungsreaktion dämpft (Recovery Trial 2020). Ein anderes Medikament ist Famotidin, ein Histamin-Blocker, der bislang bei Magenübersäuerung eingesetzt wurde (Freedberg et al. 2020). Beide Medikamente wurden in klinischen Studien bei COVID-19-Patienten überprüft und konnten schwere Krankheitsverläufe mildern und die Letalität verringern. Auch wenn die Daten nicht überwältigend sind, bieten sie doch einen Hoffnungsschimmer. Dexamethason, Remdesivir und ein Präparat aus monoklonalen Antikörpern wurden bei der Behandlung der COVID-19-Erkrankung von US-Präsident Trump eingesetzt.

Aufgrund der Dringlichkeit wird man sich bei der Forschung und Entwicklung neuer Therapeutika auf solche Medikamente konzentrieren, die bereits für eine andere Indikation zugelassen sind und bei denen es aufgrund von Beobachtungsstudien Hinweise darauf gibt, dass sie auch den Verlauf einer COVID-19-Erkrankung beeinflussen können. Der Vorteil hierbei ist, dass sich die vorgeschriebenen klinischen Studien abkürzen lassen. Da das Medikament bereits zugelassen ist, können die Forscher die Phasen I und II (Prüfungen auf Sicherheit und Dosisfindung) überspringen und gleich mit multizentrischen Phase-III-Studien beginnen, um zu testen, ob es auch gegen COVID-19 wirkt. Bei Famotidin und Dexamethason wurde dies bereits so praktiziert. Es ist zu hoffen, dass schon bald weitere Medikamente zur Behandlung von COVID-19 gefunden werden.

2.5 Impfstoffe gegen COVID-19

WAS MUSS EIN IMPFSTOFF KÖNNEN?

Nach den Vorstellungen der WHO sollte ein Impfstoff mit geringen oder vernachlässigbaren Nebenwirkungen zugelassen werden, wenn dieser mindestens einen 50-prozentigen Schutz über sechs Monate bewirkt, also jeden zweiten Geimpften ein halbes Jahr lang schützt. Dies ist eine recht niedrige Messlatte, die aber bereits etwas bringen kann. Besser wäre es, wenn der Impfstoff einen mindestens 70-prozentigen Schutz über mindestens zwölf Monate bewirkt, also sieben von zehn Menschen ein Jahr lang schützt. Selbst das ist im Vergleich zu vielen zugelassenen Impfstoffen eine eher bescheidene Forderung, aber wir stehen bei COVID-19 erst am Anfang.

Es ist auch nicht auszuschließen, dass wir letztendlich unterschiedliche Impfstofftypen für bestimmte Bevölkerungsgruppen benötigen werden. Derzeit gibt es einfach noch zu viele Unbekannte. Wir kennen Impfstoffe, wie z.B. gegen Masern, die mit höchster Effizienz sicher schützen. Andere dagegen – hierzu gehören beispielsweise Impfstoffe gegen Grippe – lassen noch viele Wünsche offen. Es bleibt daher abzuwarten, ob in der nächsten Zeit ein hochwirksamer oder nur ein mittelmäßiger Impfstoff gegen COVID-19 gefunden wird. Und völlig offen ist natürlich die Frage, wie erfolgreich COVID-19 durch Impfungen überhaupt beherrscht werden kann. Damit eine Impfung nicht nur den Geimpften, sondern indirekt auch die Bevölkerung schützt, muss der Impfstoff eine Infektion und damit auch die Übertragung verhindern. Die derzeit getesteten und vorläufig zugelassenen Impfstoffe gegen COVID-19 schützen in erster Linie vor schwerer Erkrankung. Dabei ist offen, ob die Erkrankung lediglich gemildert oder ganz verhindert wird.

Wichtig ist zudem, dass der Impfstoff auch in armen und krisengeschüttelten Ländern verfügbar ist und dass die besonders in reichen Ländern verbreitete Impfmüdigkeit oder Impfgegnerschaft abnimmt (The Vaccine Confidence Report 2015; COVAX 2020). Klar ist auf jeden Fall, dass COVID-19 global am wirksamsten eingedämmt wird, wenn weltweit Impfungen eingesetzt werden, die gegen Infektion, Krankheit und Übertragung schützen.

Da für mehrere Impfstoffe bereits die Großproduktion in Gang gesetzt wurde, kommen die ersten Impfstoffe nach ihrer vorläufigen Zulassung rasch zum Einsatz. Ausreichende Mengen für die Weltbevölkerung dürften allerdings frühestens Ende 2021 verfügbar sein.

VORLÄUFIGE NOTFALLZULASSUNG

Um die Abwehrmaßnahmen gegen die Pandemie zu beschleunigen, ist auch eine vorläufige Notfallzulassung von Impfstoffen möglich. In den USA nennt sich eine solche Genehmigung „Emergency Use Authorization" (EUA), in Europa „Conditional Approval". Eine vorläufige Zulassung kann beispielsweise dann beantragt und gegebenenfalls genehmigt werden, wenn bei der Zwischenanalyse einer Phase-III-Studie die Daten zeigen, dass der Impfstoff über einige Zeit schützt und keine Nebenwirkungen zeigt. Die Studie sollte dann aber weitergeführt werden. Wenn die Studie abgeschlossen ist, werden die gesamten Ergebnisse analysiert. Danach entscheidet sich, ob die vorläufige in eine endgültige Zulassung umgewandelt oder die Zulassung verweigert wird.

GLOBALE AKTIVITÄTEN

Um die Entwicklung von Impfstoffen gegen COVID-19 zu beschleunigen und diese dann auch weltweit zugänglich zu machen, haben die WHO und die beiden weltweit tätigen Impf- und Forschungsallianzen „Coalition for Epidemic Preparedness Innovations" (CEPI) und „Global Alliance for Vaccines and Immunization" (GAVI) eine globale Impfstoff-Initiative gegründet (GAVI 2019; The Coalition for Epidemic Preparedness Innovations 2017; COVAX 2020). Ziel dieser Plattform namens COVAX Facility (COVID-19 Vaccine Global Access Facility) ist es, die finanziellen Risiken, die bei jeder Medikamentenentwicklung bestehen, auf mehrere Schultern zu verteilen, um so die Suche nach geeigneten Impfstoffen voranzutreiben. COVAX will Risikoinvestitionen erleichtern und sowohl die Forschung und Entwicklung zahlreicher Impfstoffkandidaten als auch den Ausbau von Produktionskapazitäten finanziell unterstützen. Außerdem will COVAX durch entsprechende finanzielle Förderung erreichen, dass zukünftige Impfstoffe fair verteilt und zu bezahlbaren Preisen auch jenen Ländern zugänglich gemacht werden, die über weniger Kaufkraft verfügen.

Nach Berechnungen von COVAX werden für Forschung und Entwicklung neuer Impfstoffe sowie für den Ausbau der Produktionskapazitäten 9,4 Milliarden US-Dollar benötigt, für die Bereitstellung garantierter Impfstoffdosen weitere 5,5 Milliarden US-Dollar. Sobald ein Impfstoff gefunden und zugelassen ist, sollen je eine knappe Milliarde Impfdosen für die reichen und die armen Länder zur Verfügung stehen. Außerdem will COVAX weitere 200 Millionen Impfdosen für Notfälle vorhalten. Während die reichen Länder für die Auslieferung der Impfstoffe und die Organisation der Impfprogramme selbst aufkommen sollen, übernimmt COVAX die Kosten für die ärmeren Länder in einer Höhe von 3,2 Milliarden US-Dollar.

Da erfolgreiche Impfstoffe auch Einnahmen generieren, wird erwartet, dass von den zuvor getätigten Investitionen rund 4,3 Milliarden US-Dollar zurückfließen werden. Unter dem Strich rechnet man mit Gesamtkosten von 13,8 Milliarden US-Dollar. Dies ist eine gewaltige Summe. Verglichen mit den 375 Milliarden US-Dollar, die COVID-19 nach Schätzungen der COVAX Facility aktuell monatlich verursacht, ist das allerdings wenig, zumal davon auszugehen ist, dass eine wirksame Impfung diese Kosten deutlich senken wird.

Aus meiner Sicht liegt COVAX mit dieser Strategie ganz richtig. Letztendlich wird die Kontrolle über die COVID-19-Pandemie erst dann erreicht, wenn weltweit die Infektionen eingedämmt werden können. Hierzu braucht es baldmöglichst Impfstoffe, die nicht nur in den reichen, sondern auch in den armen Ländern zum Einsatz kommen. Die COVAX Facility will genau dies erreichen und so schnell wie möglich allen Ländern einen Impfstoff für 20 Prozent der Bevölkerung zur Verfügung stellen. Klappen kann das nur, wenn man nicht auf einen einzelnen Impfstoffkandidaten setzt. Es ist vernünftiger, die zerbrechlichen Eier auf verschiedene Körbe zu verteilen als alle Eier in einen Korb zu legen. Dann hat man, wenn bei einem Kandidaten etwas schiefgeht, sprich ein Korb umfällt und die Eier zerbrechen, immer noch weitere Optionen (siehe ABB. 2.4).

ABB. 2.4:
RISIKOVERTEILUNG BEI DER FORSCHUNG UND ENTWICKLUNG VON IMPFSTOFF-KANDIDATEN GEGEN COVID-19

Quelle: Kaufmann, eigene Darstellung

AN WELCHE IMPFSTOFFE DENKT MAN BEI COVID-19?

Das Impfstoff-Portfolio gegen COVID-19 umfasst im Wesentlichen sogenannte Ganzzell-Impfstoffe und sogenannte Untereinheiten-Impfstoffe, wobei der Schwerpunkt auf letzteren liegt (Vfa 2020b; World Health Organization 2020c).

GANZZELL- UND UNTEREINHEITEN-IMPFSTOFFE

Die Ganzzell-Impfstoffe fokussieren sich im Wesentlichen auf inaktivierte oder abgeschwächte Viren. Diese haben den Vorteil, dass sie mehr oder weniger alle Bestandteile des Virus und somit Antigene beinhalten. Eben diese Eigenschaft hat aber zugleich den Nachteil, dass diese Impfstoffe möglicherweise auch schädliche Komponenten enthalten. Inaktivierte oder abgeschwächte Virus-Impfstoffe werden bereits erfolgreich gegen Kinderlähmung, Grippe, Masern, Mumps oder Röteln eingesetzt. Die Entwicklung mehrerer COVID-19-Impfstoffe dieses Typs ist bereits weit vorangeschritten; einige werden bereits eingesetzt. Diese Strategie wird in erster Linie von staatlichen und privaten Institutionen in China verfolgt (siehe TAB. 2.1).

Die Untereinheiten-Impfstoffe beschränken sich dagegen auf wenige SARS-CoV-2 Antigene, die für den Schutz entscheidend sind. Bei diesen Impfstoffen werden schädliche Komponenten ausgeschlossen, es sei denn, die Träger der protektiven (schützenden) Antigene zeigen auch eine schädliche Wirkung, was durchaus vorkommen kann. Untereinheiten-Impfstoffe haben wiederum den Nachteil, dass potentiell wichtige Antigene für den Schutz möglicherweise nicht integriert werden können.

Wichtigstes Antigen der Untereinheiten-Impfstoffe ist das Spike-Protein von SARS-CoV-2. Man weiß inzwischen, dass dieses Protein Antikörper stimuliert, die dann die Bindung des Virus an den sogenannten ACE-2-Rezeptor blockieren. Da der ACE-2-Rezeptor die Schlüsselstelle ist, über die der Erreger in die Zellen gelangt, wäre das Virus damit neutralisiert und könnte seine schädliche Wirkung nicht mehr entfalten. Um eine Infektion zu verhindern, müsste der Impfstoff also eine ausreichend starke Antikörperbildung hervorrufen. Daneben werden aber auch noch T-Zellen benötigt, die einmal die Produktion von Antikörpern überhaupt erst anregen und zum anderen als Killer-T-Zellen infizierte Zellen angreifen und so die Viren eliminieren (siehe Kap. 4).

TAB. 2.1:
WICHTIGE IMPFSTOFFKANDIDATEN GEGEN COVID-19

Impfstoff-Typ	Name	Status	Institution
Inaktiviertes Virus	Inaktiviertes SARS-CoV-2	Phase III (eingeschränkte Zulassung)	Wuhan Institute of Biological Products / CAS / Sinopharm
Inaktiviertes Virus	CoronaVac	Phase III (eingeschränkte Zulassung)	Sinovac Biotech
Inaktiviertes Virus	/	Phase III (eingeschränkte Zulassung)	Beijing Institute of Biological Products / Sinopharm
Viraler Vektor	ChAdOx1 nCoV-19 (AZD1222)	Phase III (zwischenzeitlicher Stopp wegen möglicher Neben-wirkungen, Studie wieder aufgenommen, allerdings offene Fragen bei der Datenauswertung)	Oxford University / Astra Zeneca / SII
Viraler Vektor	Ad5-nCoV	Phase III (zur Anwendung beim Militär eingeschränkt zugelassen)	CanSino Biologics (China) / National Research Council (Canada)
Viraler Vektor	Sputnik V (Ad5/Ad26)	Phase III (eingeschränkte Zulassung)	Gamaleya Institute
Viraler Vektor	Ad26.COV2-S	Phase III (zwischenzeitlicher Stopp wegen möglicher Neben-wirkungen, Studie wieder aufgenommen)	Janssen / Johnson & Johnson / Emergent
Protein/Adjuvant (Nanopartikel)	NVX-CoV2373	Phase III	Novavax / Emergent
Protein/Adjuvant	/	Phase I/II	Sanofi / GSK
DNA	INO-4800	Phase II/III	Inovio
mRNA	mRNA-1273	Phase III (vorläufige Zulassung in mehreren Ländern beantragt)	Moderna / Lonza
mRNA	BNT162b2	Phase III (vorläufige Zulassung in mehreren Ländern beantragt und in Großbritannien erfolgt)	BioNTech / Pfizer / Fosun
mRNA	CVn-CoV	Phase II	CureVac

Stand: 3. Dezember 2020

VIRALE TRÄGER
Hierzu werden in erster Linie sogenannte Adenoviren genutzt. Dies ist eine spezielle Gruppe von Viren, die hochansteckend sind und eine Vielzahl von Erkrankungen auslösen können, hauptsächlich der Atemwege. Diese Adenoviren wurden so verändert, dass sie sich in Geimpften nicht

vermehren und keine Krankheit hervorrufen können. Da zahlreiche Typen von Adenoviren weit verbreitet sind, haben viele Menschen Antikörper gegen diese Erreger gebildet, die den Impfstoffträger neutralisieren und so seine Wirkung einschränken könnten. Deshalb wurden Adenoviren ausgewählt, die im Menschen nicht oder selten vorkommen. Allerdings liegen nur geringe Erfahrungen mit Adenoviren als Impfstoffträger vor.

Zwei Impfstoffkandidaten seien hier erwähnt (siehe TAB. 2.1): Der sogenannte Oxford-Impfstoff nutzt ein Adenovirus von Schimpansen als Träger. Da die Adenoviren von Schimpansen im Menschen nicht vorkommen, werden sie auch nicht neutralisiert. Als Antigen wird das Spike-Protein von SARS-CoV-2 genutzt. Oxford University hat sich mit dem Pharmaunternehmen AstraZeneca sowie dem Serum Institute of India zusammengetan. Während AstraZeneca die Produktion und Auslieferung des Impfstoffs in den reichen Ländern übernehmen will, ist das Serum Institute of India für die kostengünstige Produktion und Auslieferung des Impfstoffs in Indien und armen Ländern zuständig. Bei der Testung des Oxford-Impfstoffs traten in der klinischen Phase III in zwei Fällen Nebenwirkungen auf, die zu einer zwischenzeitlichen Unterbrechung der Studie führten. Auch kam es bei der Veröffentlichung der ersten Daten zu einigen Ungereimtheiten, die einer Klärung bedürfen.

Ein weiterer Adenovirus-basierter Impfstoff wurde vom Gamaleja Institut in Russland entwickelt (siehe TAB. 2.1). Dieser Impfstoff geriet in die Schlagzeilen, da er bereits zugelassen wurde, ohne dass die für die Lizenzierung eines Impfstoffs benötigten ausführlichen späten Phasen der klinischen Prüfung auf Schutz und Sicherheit in einer größeren Probandengruppe vorgenommen wurden. Ein höchstproblematisches Unterfangen!

ANTIGEN-ADJUVANS-FORMULIERUNGEN

Einige Impfstoffkandidaten enthalten zum einen als Antigen ein oder mehrere Proteine, auf jeden Fall das Spike-Protein von SARS-CoV-2, außerdem einen Impfverstärker. Solche zugefügten Hilfsstoffe, die die Wirkung eines Impfstoffs verstärken sollen, nennt man Adjuvans. Beispiele für diese Art von Impfstoffen sind ein gemeinsam entwickelter Kandidat der amerikanischen Biotech-Firmen Novavax und Emergent sowie eine Gemeinschaftsentwicklung der großen Pharmafirmen Sanofi und GlaxoSmithKline. GlaxoSmithKline hat vielversprechende sogenannte Adjuvans-Formulierungen entwickelt, die bereits in verschiedenen neueren Impfstoffen verwendet werden. Allerdings sind einige dieser Adjuvanzien sehr aufwendig in der Herstellung. Da hunderte Millionen Impfdosen benötigt werden, könnte es bei der Produktion zu Engpässen kommen.

ABB. 2.5:
VEREINFACHTE DARSTELLUNG: IMMUNSTIMULATION DURCH NUKLEINSÄURE-BASIERTE IMPFSTOFFE

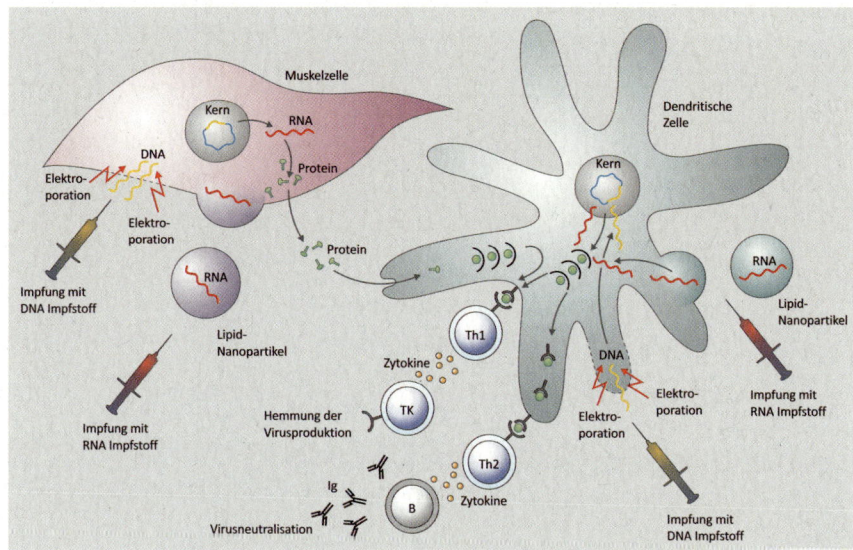

Nukleinsäure-Impfstoffe basieren entweder auf DNA- oder RNA-Bruchstücken. Mit Hilfe der Elektroporation gelangt das DNA-Bruchstück in den Kern einer Muskelzelle, wo es in die korrespondierende RNA umgeschrieben wird, die danach in Virus-Protein übersetzt wird. RNA-Impfstoffe werden in Nanopartikeln aus Lipiden verabreicht, um sie vor ihrem Abbau zu schützen. Das RNA-Bruchstück wird nach seinem Eintritt in die Zelle direkt in ein Virus-Protein übersetzt. Die Proteine werden von der Muskelzelle ausgeschleust und können von dendritischen Zellen aufgenommen werden. DNA- und RNA-Impfstoffe können auch ähnlich wie oben beschrieben direkt von dendritischen Zellen aufgenommen werden. Die Virus-Proteine werden in der dendritischen Zelle verdaut und dann mit Hilfe von Referenzstrukturen präsentiert. Sowohl T-Helfer-1- als auch T-Helfer-2-Zellen werden dadurch stimuliert, die dann über Zytokine die Killer-T-Zellen bzw. Antikörper produzierenden B-Zellen stimulieren.
Abkürzungen: B: B-Zelle; Th1: T-Helfer-1-Zelle; Th2: T-Helfer-2-Zelle; TK: Killer-T-Zellen

Quelle: Kaufmann, eigene Darstellung

NUKLEINSÄURE-IMPFSTOFFE

Nukleinsäure-Impfstoffe enthalten entweder DNA oder RNA des Erregers. Derzeit gibt es noch keinen zugelassenen Nukleinsäure-Impfstoff für den Einsatz im Menschen. Auch die benötigte Tiefkühlkette kann zu Problemen bei der Verteilung führen. Unter normalen Bedingungen wäre dies sicherlich als ein Risikoprojekt anzusehen. Da in der jetzigen Situation aber Eile geboten ist, setzen viele Länder gerade auf diese Strategie, insbesondere auf RNA-Impfstoffe. Diese haben gleich mehrere Vorteile: Sie sind extrem schnell zu entwickeln und herzustellen. Außerdem kann eine Adjuvans-Wirkung, also eine verstärkende Wirkung, in den Impfstoff integriert werden, da bestimmte

RNA-Bruchstücke das angeborene Immunsystem stimulieren. RNA-Impfstoffe müssen aber sicher „verpackt" werden: Hierfür werden in erster Linie Lipid-Nanopartikel verwendet, die die RNA in kleinen Vesikeln einkapseln. Die RNA ist dadurch besonders gut geschützt, was ihre Aufnahme in die Zelle verbessert. Die wichtigsten Pioniere bei diesen Impfstoffen sind die beiden deutschen Biotech-Firmen CureVac und BioNTech sowie die amerikanische Biotech-Firma Moderna. Während Moderna und BioNTech bereits erste Daten der Phase III öffentlich gemacht haben und in mehreren Ländern eine vorläufige Zulassung beantragt haben, befindet sich CureVac noch in der Phase II (siehe TAB. 2.1). ABB. 2.5 stellt das Prinzip der Immunisierung durch Nukleinsäure-Impfstoff vereinfacht dar.

HETEROLOGE IMPFUNG

Schließlich wird auch ein sogenannter heterologer Schutz gegen COVID-19 durch Impfung mit dem altbekannten Tuberkulose-Impfstoff BCG (Bacille Calmette-Guérin) in klinischen Studien getestet. Retrospektive Beobachtungsstudien haben gezeigt, dass in Ländern mit flächendeckenden BCG-Impfungen weniger COVID-19-Erkrankungen aufgetreten sind. Diese Studien sind allerdings schwierig zu interpretieren, da die Korrelation durch zahlreiche Faktoren beeinflusst worden sein kann. Ich würde diese Untersuchungen daher eher als hypothesenbildend bezeichnen, d. h. sie stärken das Argument, dass in kontrollierten Studien überprüft werden sollte, ob es tatsächlich einen solchen Zusammenhang gibt.

Genau das wird derzeit gemacht: In kontrollierten klinischen Studien wird ermittelt, ob eine BCG-Impfung auch gegen COVID-19 schützt. Eine bereits abgeschlossene Revakzinierungsstudie mit BCG in Erwachsenen in Südafrika ist in diesem Zusammenhang bemerkenswert (Nemes et al. 2018). Die Studie zeigte, dass die BCG-Impfung einen mäßigen Schutz gegen eine stabile Infektion mit dem Tuberkulose-Erreger bewirkt. Daneben zeigte sich aber noch ein weiterer, unerwarteter Effekt: BCG bot einen sehr deutlichen Schutz gegen Infektionen der oberen Atmungswege durch andere Erreger. Und zu eben dieser Erregergruppe gehört auch ein Virus, das zum Zeitpunkt der Studie im Jahr 2018 noch gar nicht bekannt war, nämlich SARS-CoV-2. Eine weitere kontrollierte klinische Studie, die 2020 veröffentlicht wurde, bestätigt im Wesentlichen diese Befunde für ältere Menschen in Griechenland. Auch hier wurde festgestellt, dass BCG-Geimpfte einen höheren Schutz gegen Infektionen der Atemwege hatten – insbesondere gegen Grippe – als ungeimpfte Probanden (Giamarellos-Bourboulis et al. 2020).

Die WHO steht diesem Ansatz offen, aber zurückhaltend gegenüber. Hauptgrund hierfür ist, dass BCG Kleinkinder gegen heftige Tuberkulose-Verläufe schützt und deshalb in Ländern verabreicht wird, in denen Tuberkulose noch weit verbreitet ist. Hierzu werden jährlich ca. 140 Millionen Impfdosen benötigt. Da BCG aber noch immer auf herkömmliche Art mit großem Aufwand in Flüssigkulturen gewonnen und zu einem sehr niedrigen Preis abgegeben wird, hat sich ein Produktionsengpass aufgetan. Die verfügbaren Dosen reichen bereits heute kaum aus, um damit vorrangig die vielen Millionen Kinder impfen zu können.

Dieses Kapazitätsproblem könnte indes möglicherweise bald gelöst werden: Ein neuartiger Impfstoff gegen Tuberkulose namens VPM1002 beruht auf BCG (Kaufmann 2020). Dieser wird derzeit in mehreren Phase-III-Studien auf seine Schutzwirkung gegen Tuberkulose getestet. VPM1002 wird in Bioreaktoren mit hohem Durchsatz hergestellt, sodass er rasch in Millionen Dosen produziert werden kann. Verantwortlich hierfür ist das Serum Institute of India. Derzeit wird in kontrollierten klinischen Studien in Deutschland, Indien und Kanada geprüft, ob VPM1002 auch vor COVID-19 schützt.

2.6 Neue Fortschritte im Kampf gegen COVID-19

Kurz vor der Fertigstellung dieses Manuskripts wurden zwei wichtige Meilensteine im Kampf gegen COVID-19 genommen. Erstens berichteten BioNTech/Pfizer und kurz darauf auch Moderna in einer Pressenotiz über den Zwischenstand der klinischen Phase-III-Studie zu ihren Impfstoffen (siehe TAB 2.1). Untersucht wurden Schutz und Sicherheit nach zweimaliger Gabe des Impfstoffs. In beiden Studien wurden unter den jeweils etwa 20.000 geimpften Teilnehmern keine ernsthaften Nebenwirkungen und ein über 90-prozentiger Schutz gegenüber den Kontrollen festgestellt. Diese vielversprechenden Ergebnisse erlaubten einen Antrag auf eine beschleunigte Zulassung, u.a. in den USA, in Großbritannien und in der EU. Am 2. Dezember ließ Großbritannien als erstes Land überhaupt den Impfstoff von BioNTech/Pfizer zu. Daher können noch im Jahr 2020 die ersten Impfungen mit einem Corona-Impfstoff beginnen. Allerdings werden die Impfstoffe trotz des beeindruckenden Resultats nicht alle Wünsche erfüllen können. Auch bleiben wichtige Fragen noch offen, nämlich:

- Mildert die Impfung lediglich das Erkrankungsbild oder schützt sie vollständig gegen COVID-19 und verhindert auch schwere Verläufe?
- Schützt die Impfung gegen eine Infektion mit SARS-CoV-2 und damit auch gegen eine Übertragung? Dieser Punkt ist aus epidemiologischer Sicht wichtig, nicht zuletzt für das Gelingen eines Herdenschutzes.

- Wenn die Impfung nicht gegen Infektion schützt, kann sie dafür eine sterilisierende Immunität herbeiführen? In diesem Fall würde SARS-CoV-2 rasch eliminiert werden, sodass die Geimpften schneller virusfrei und nicht mehr ansteckend sind.
- Wie lange hält der Impfschutz an? Da die Studien im Sommer 2020 begonnen wurden und die Daten bereits eine Woche nach der Zweitimpfung der letzten Probanden entblindet wurden, wird eine endgültige Aussage über mittel- bis längerfristigen Schutz und Nebenwirkungen erst sechs bis zwölf Monate nach vollständigem Abschluss der Studie möglich sein.
- Schützt die Impfung auch Hochrisiko-Patienten? Da Vorerkrankungen sehr unterschiedlicher Natur sein können, muss hier mit äußerster Vorsicht vorgegangen werden.
- Muss der Impfstoff von BioNTech/Pfizer bei minus 70°C durchgängig aufbewahrt werden? Eine Tiefkühlkette erschwert die Verteilung deutlich, insbesondere in armen Ländern mit ungenügender Infrastruktur. Für Deutschland und andere Industrieländer kompliziert die Kühlkette zwar die Logistik, dies ist aber lösbar.

Zweitens veröffentlichten die Ständige Impfkommission, der Deutsche Ethikrat und die Nationale Akademie der Wissenschaften Leopoldina Empfehlungen zum Zugang eines COVID-19-Impfstoffs. Das Positionspapier setzt sich mit den ethischen, rechtlichen und praktischen Rahmenbedingungen für eine Impfkampagne auseinander, und zwar zu einer Zeit, in der Informationen über Schutz und Risiko der Impfung gegen COVID-19 noch lückenhaft sind und die verfügbaren Impfdosen den Bedarf nicht decken können. In dem Positionspapier wird u.a. Folgendes empfohlen: Eine Priorisierung der Personengruppen, die am dringlichsten geimpft werden sollen, die Vornahme der Impfungen in neu einzurichtenden Impfzentren, die Erfassung von Schutzwirkung und möglichen Komplikationen sowie ein transparenter Diskurs über alle Aktivitäten. Insbesondere legt die Empfehlung Wert darauf, dass die Frage wer zuerst geimpft werden soll, nach ethischen Grundsätzen beurteilt und transparent dargestellt wird. Sie spricht sich gegen eine Impfpflicht und für eine freiwillige Impfung aus.

Die Priorisierung der Impfung soll folgende Kriterien berücksichtigen:
- Die Verhinderung schwerer COVID-19-Erkrankungen und Todesfällen in Risikogruppen, wie Ältere und Menschen mit Vorerkrankungen;
- Schutz von Personen mit besonders hohem Infektionsrisiko, wie Krankenhauspersonal;
- Schutz von Personen, die in häufigem Kontakt mit besonders gefährdeten Menschen stehen, wie Pflegepersonal in Altersheimen;

- Schutz von Personen, die an der Aufrechterhaltung der staatlichen Funktionen und des öffentlichen Lebens mitwirken, wie Polizei, Feuerwehr und Lehrkräfte.

FAZIT

Es besteht begründete Hoffnung, dass wir im Laufe des Jahres 2021 in Deutschland die COVID-19-Krise durch Impfung zurückdrängen werden, auch wenn wir sie dann noch nicht überwunden haben werden. Ähnlich wird es in anderen industrialisierten Ländern aussehen. Die armen Länder dagegen werden mit zahlreichen weiteren Problemen zu kämpfen haben, bevor es dort zu breiten Impfkampagnen kommen kann.

Krankheitserreger
3

1. ÜBERTRAGUNGSWEGE
2. ERREGERSTRATEGIEN
3. BAKTERIEN
4. VIREN
5. PILZE
6. PROTOZOEN
7. WÜRMER
8. PRIONEN

Für die meisten ansteckenden Krankheiten sind Mikroorganismen verantwortlich, die nur unter dem Lichtmikroskop oder dem Elektronenmikroskop sichtbar sind (Suerbaum et al. 2020). Im Wesentlichen sind dies Viren, Bakterien, Pilze und Protozoen (dies sind tierische Einzeller, die zahlreiche Tropenerkrankungen hervorrufen, u.a. Malaria). Würmer dagegen lassen sich bereits mit bloßem Auge erkennen. Andere Erreger sind wiederum so winzig, dass sie nicht einmal unter dem Elektronenmikroskop sichtbar sind. Dies ist bei infektiösen Eiweißstoffen, den sogenannten Prionen, der Fall. Insgesamt sind uns rund 1.500 Krankheitserreger bekannt, von denen lediglich ein Zehntel eine größere Rolle spielen. Sie werden auf unterschiedlichste Weise übertragen.

Durchfallerkrankungen werden meist über Nahrungsmittel oder Wasser übertragen. Diesen kann man am besten durch gute Hygiene vorbeugen: Sauberes Wasser, Waschen der Lebensmittel, ihre Aufbewahrung im Kühlschrank sowie geeignete Sanitäreinrichtungen. Erreger der Atemwege werden über die Luft übertragen. Hier helfen Masken, Husten in die Armbeuge und Abstand untereinander. In geschlossenen Räumen ist die Ansteckungsgefahr größer als im Freien, deshalb sollten diese immer wieder gelüftet werden. Sehr häufig kommen auch Schmierinfektionen vor. Diese entstehen bei Kontakt mit verunreinigten Oberflächen, beispielsweise Türklinken oder die Hände einer anderen Person. Wichtigste vorbeugende Maßnahmen sind hier häufige Desinfektion der Gegenstände und gründliches Händewaschen. Manche Erreger nutzen einen sogenannten Vektor – häufig ein Insekt – zur Übertragung, z.B. die Malaria- und Dengue-Erreger (siehe Box 3.1). Mithilfe dieses „Kuriers" gelangen die Erreger vom Blut eines Infizierten direkt in das Blut eines Gesunden. Bei Aufenthalten in tropischen Regionen empfiehlt es sich daher, zum Schutz vor Insektenstichen unter einem Moskitonetz zu schlafen und sich mit Insektenschutzmittel einzureiben. Auch auf anderem Wege sind Blutübertragungen möglich, z.B. durch Blutungen beim Geschlechtsverkehr, Bluttransfusionen oder durch die mehrfache Verwendung von Injektionsnadeln, was insbesondere bei Drogensüchtigen ein häufiger Ansteckungsweg ist. HIV hat sich über diesen eigentlich recht mühsamen Weg durchsetzen können. Hier helfen Kondome, strenge Überprüfung der Blutkonserven und strikte Einmalverwendung von Injektionsnadeln.

BOX 3.1

》 Aedes – oder Tigermücken übertragen nicht nur das Zika-Virus. Sie bringen auch die Erreger weiterer Krankheiten von Tier zu Mensch und von Mensch zu Mensch. Bekannt ist der Übertragungsweg für Dengue-, Chikungunya-, Zika- und Gelbfieber-Viren. Mit hoher Wahrscheinlichkeit lässt sich diese Liste noch erweitern.

Die Tigermücke fühlt sich in abgestandenen Gewässern bei Temperaturen um 30° C wohl. Sie vermehrt sich zum Beispiel in Pfützen, die sich nach Regengüssen in ausgedienten Autoreifen bilden. Solche Reifen werden oft zu Tausenden auf Frachtern über die Weltmeere transportiert. Die Tigermücke reist in ihnen bequem von Kontinent zu Kontinent und trägt so einstmals tropische Krankheiten weiter. Tigermücken kommen (anders als Anopheles-Moskitos, die Malaria übertragen) auch in dicht besiedelten Städten mit hoher Umweltverschmutzung gut zurecht. Besonders wohl fühlen sie sich in den Townships Afrikas, den Slums Südostasiens und den Favelas Lateinamerikas. Die Erwärmung des Erdklimas trägt zusätzlich zu ihrer weiteren Ausbreitung bei.

Inzwischen sind Tigermücken von ihrem ursprünglichen Verbreitungsgebiet in den Tropen und Subtropen aus auch in den Nahen Osten, nach Indien, in die südlichen USA und das südliche Europa gelangt. Auch in Deutschland und den Niederlanden wurden sie angetroffen. Inzwischen gab es auch erste Infektionsfälle in Europa: 2019 wurde das Zika-Virus in Südfrankreich durch eine Tigermücke auf den Menschen übertragen. In Deutschland kam es seit September 2019 zu ersten Übertragungen des West-Nil-Fieber-Virus durch Tigermücken und heimische Mückenarten. ≪

Quelle: in Anlehnung an Kaufmann, 2016, S. 419-420

Bei vielen Erregern ist eine Ansteckung nur möglich, wenn eine infizierte Person auch erkrankt ist. Manche Erreger können aber bereits ansteckend sein, obwohl die infizierte Person noch gesund ist und keinerlei Symptome zeigt. Ein wichtiges Reservoir, insbesondere – aber nicht nur – für neu auftretende Erreger sind Tiere (siehe Box 3.2). Diese sogenannten Zoonosen sind für rund 70 Prozent aller neuen Krankheitsausbrüche der letzten Jahrzehnte verantwortlich (Kaufmann 2010). Besondere Aufmerksamkeit haben Fledermäuse erlangt, die gegenüber vielen Krankheitserregern des Menschen resistent sind. Sie tragen die Keime ohne Beschwerden mit sich herum und können diese direkt oder indirekt über andere Tiere auf den Menschen übertragen. Ebola- und Coronaviren haben sich über diesen Weg auf die Menschen gestürzt.

BOX 3.2

≫ Der enger werdende Kontakt zwischen Mensch und Tier sowohl in der Wildnis als auch in der industrialisierten Massentierzucht erhöht in besorgniserregender Weise das Risiko, dass neue Krankheitserreger den Menschen befallen, die das Zeug zu einer Pandemie haben. Selbst wenn dies nicht in Europa passiert, sondern in Asien, Afrika oder sonst wo – sicher können wir uns trotzdem nicht fühlen. ≪

Quelle: in Anlehnung an Kaufmann, 2010, S. 316-317

3.2
Erreger-
strategien

Einige Erreger führen eine Art Blitzkrieg: Schon sehr rasch nach dem Eindringen in unseren Körper lösen sie eine Erkrankung aus (Kaufmann 2010). Der Zeitraum von der Ansteckung bis zum Krankheitsausbruch – die sogenannte Inkubationszeit – ist extrem kurz. Eine derartige „Blitzkrieg-Strategie" verfolgen u.a. Ebola- und Grippeviren, Pneumokokken sowie der Cholera-Erreger Vibrio cholerae, die alle eine akute Erkrankung auslösen.

Andere Erreger machen eine lange Inkubationszeit durch, verweilen also lange ohne sichtbare Krankheitssymptome im Menschen, bevor sie zuschlagen. Hierzu gehören die Erreger von AIDS (HIV) und Tuberkulose (Mycobacterium tuberculosis). Diese Erreger führen eine Art Grabenkrieg. Hier bricht die Krankheit erst nach langer Auseinandersetzung aus oder sogar gar nicht. Die Tuberkulose-Erreger haben weltweit ein Viertel aller Menschen infiziert, aber nur zehn Prozent erkranken im Laufe ihres Lebens. Das macht zwar noch immer zehn Millionen Tuberkulose-Neuerkrankungen im Jahr. Die meisten Infizierten aber bleiben gesund und sind nicht ansteckend, obwohl der Keim in ihnen ruht (World Health Organization 2020a).

Ähnliches spielt sich bei SARS-CoV-2-Infektionen ab. Weniger als die Hälfte aller Infizierten erkranken an COVID-19, wobei die Symptome von eher harmlosem Husten bis zu schwersten Schädigungen der Lunge und anderer Organe mit hoher Todesrate reichen können. Für die Schwere der Erkrankung spielen Vorerkrankungen und Alter eine ganz entscheidende Rolle. Es gibt allerdings einen entscheidenden Unterschied zur Tuberkulose: Auch ein gesunder SARS-CoV-2-Infizierter ist bereits ansteckend!

Ob eine Ansteckung auch zu einer Erkrankung führt, hängt zu einem großen Teil von der Resistenzlage des Infizierten ab. So können Erreger von sogenannten Nosokomialinfektionen wie z.B. Pseudomonas aeruginosa, die man sich vor allem im Krankenhaus einfangen kann, von gesunden Menschen in der Regel kontrolliert werden. Bei immungeschwächten Personen wie Krankhauspatienten können solche Keime aber schwerwiegende Erkrankungen hervorrufen.

Selbst nach Heilung einer Infektionskrankheit sind unterschiedliche Verläufe möglich. Im besten Fall wird der Krankheitserreger komplett eliminiert. In einigen Fällen bilden sich allerdings stille Träger, bei denen der Erreger nicht vollständig eliminiert wurde. Dies kann nach einer Antibiotika-Behandlung der Fall sein, wie etwa bei der Tuberkulose, bei der es selbst nach erfolgreicher Chemotherapie zu einer sogenannten Rekurrenz, also zum Wiederaufflackern der Krankheit kommen kann. Möglicherweise haben sich die Erreger in einer schützenden Nische versteckt und tauchen dann unter Stress-situationen wieder auf. Dies kommt z.B. immer wieder bei Infektionen mit Varizella-Zoster-Viren vor. Diese Erreger sind die Verursacher der Windpocken, einer eher harmlos verlaufenden Kinderkrankheit. Die Viren nisten sich aber in Nervenzellen ein und können sich Jahrzehnte später wieder bemerkbar machen und bei einer Schwächung des Immunsystems eine äußerst schmerzhafte Gürtelrose auslösen.

3.3 Bakterien

Bakterien sind eigenständige mikroskopisch kleine Lebewesen, ihre Größe entspricht etwa einem Hundertstel-Durchmesser eines menschlichen Haares. Wichtige bakterielle Krankheitserreger sind in TAB. 3.1 genannt. Der Killer Nummer Eins unter den bakteriellen Infektionen, ja unter allen Krankheitserregern überhaupt, ist Mycobacterium tuberculosis, der Erreger der Tuberkulose, der 2019 etwa 1,4 Millionen Menschenleben forderte (World Health Organization 2020a). Bakterielle Erkrankungen können generell durch Antibiotika behandelt werden. Allerdings sind viele Keime heute so resistent, dass wir sie nur schwer oder gar nicht mehr behandeln können (siehe Kap. 5 und 7). Dies gilt besonders für die sogenannten Krankenhauskeime.

Viele Bakterien, die in uns leben, sind allerdings völlig ungefährlich, einige sind sogar äußerst nützlich. Der Darm wird von mehr als einer Milliarde Bakterien bewohnt (andere Schätzungen gehen sogar von einer Billion Keimen aus), und die Zusammensetzung dieses sogenannten Mikrobioms hat großen Einfluss auf unsere Gesundheit und unser Wohlbefinden.

TAB. 3.1:
EINIGE WICHTIGE BAKTERIELLE KRANKHEITSERREGER

Erkrankung	Erreger
Eitrige Erkrankungen	Streptokokken, Staphylokokken
Nosokomial-Infektionen	Enterokokken, Staphylokokken, *Pseudomonas aeruginosa*
Wundstarrkrampf (Tetanus)	*Clostridium tetani*
Durchfallerkrankungen	Salmonellen, Shigellen, bestimmte *E. coli* Stämme, *Vibrio cholerae*
Lungenentzündung	Pneumokokken, *Haemophilus influenzae*
Geschlechtskrankheiten	Gonokokken, Chlamydien, *Treponema pallidum*
Tuberkulose	*Mycobacterium tuberculosis*
Meningitis	Meningokokken, *Haemophilus influenzae*
Magenerkrankung, Magenkrebs	*Helicobacter pylori*
Sepsis, Blutvergiftung	*Pseudomonas aeruginosa*, *E. coli*, Klebsiellen, Streptokokken, Staphylokokken

Quelle: Kaufmann, eigene Darstellung

3.4
Viren

Viren sind etwa ein Tausendstel Durchmesser eines menschlichen Haares groß und damit deutlich kleiner als Bakterien. Sie können sich nicht selbstständig vermehren und brauchen hierzu unsere Körperzellen. Die benötigten Informationen tragen sie entweder in RNA- oder DNA-Strängen, dementsprechend werden die Viren in RNA- oder DNA-Viren eingeteilt. Viele virale Erreger sind von einer Hülle umgeben, die sie vor den ersten Abwehrmechanismen schützt. TAB. 3.2 führt wichtige virale Krankheitserreger auf.

TAB. 3.2:
EINIGE WICHTIGE VIRALE KRANKHEITSERREGER

Erkrankung	Erreger
Pocken (ausgerottet)	Pockenviren
Windpocken (charakteristische Bläschen und juckender Hautausschlag), Gürtelrose (äußerst schmerzhafter Hautausschlag)	Varizella-Zoster-Viren
Grippe	Influenzaviren
SARS, MERS, COVID-19	Coronaviren
Schnupfen	Rhinoviren und Coronaviren
AIDS	HIV
Ebola	Ebolaviren
Durchfallerkrankungen	Rotaviren, Noroviren
Kinderlähmung	Polioviren
Genitalwarzen, Gebärmutterhalskrebs	Humane Papillomviren
Masern (von fiebrigem Unwohlsein bis zu schweren Schädigungen von Gehirn und Lunge)	Masernviren
Röteln (Hautflecken begleitet von Fieber und Unwohlsein, Komplikation bei Schwangerschaft)	Rubellaviren
Akute Lebererkrankung	Hepatitis A-Virus
Chronische Lebererkrankung, Zirrhose, Leberkrebs	Hepatitis B-Virus und Hepatitis C-Virus

Abkürzungen: SARS: Severe Acute Respiratory Syndrome; MERS: Middle East Respiratory Syndrome; COVID: Coronavirus Disease; AIDS: Acquired Immune Deficiency Syndrome; HIV: Human Immunode-ficiency Virus

Quelle: Kaufmann, eigene Darstellung

3.5
Pilze

Pilze sind den höheren Organismen zuzurechnen. Da ein kompetentes Immunsystem Pilzinfektionen zumeist erfolgreich abwehren kann, treten diese in erster Linie bei immungeschwächten Patienten auf. Mit zunehmender Zahl an Immunschwächen nehmen Pilzinfektionen allerdings enorm zu.

3.6
Protozoen

Protozoen sind die Erreger zahlreicher Tropenerkrankungen, darunter Malaria, die Chagas-Erkrankung und die Orientbeule. Auch eine der weltweit häufigsten Geschlechtskrankheiten, die Trichomoniasis, wird durch solche tierischen Einzeller – in diesem Fall durch eine bestimmte Art von Geißeltierchen – übertragen. Einige wichtige Protozoen und ihre Erreger sind in TAB. 3.3 aufgeführt.

TAB. 3.3:
EINIGE WICHTIGE PROTOZOEN ALS KRANKHEITSERREGER

Erkrankung	Erreger
Schlafkrankheit, Chagas	Trypanosomen
Leishmaniose, Kala Azar, Orientbeule	Leishmanien
Geschlechtskrankheit	Trichomonaden
Malaria	Plasmodien

Quelle: Kaufmann, eigene Darstellung

3.7
Würmer

Wurminfektionen werden von vielzelligen Organismen hervorgerufen, die mit dem bloßen Auge erkennbar sind. Häufig werden sie durch Vektoren übertragen. Ein Beispiel hierfür sind die Erreger der Billharziose, die sogenannten Schistosomen, die durch Schnecken übertragen werden. Bestimmte Bandwürmer werden dagegen durch bei uns heimische Tiere wie Füchse, Hunde oder Schweine übertragen.

3.8
Prionen

Prionen sind Eiweißstoffe, die anderen Proteinen in unserem Körper ihre eigene Struktur aufzwingen. Sie vermehren sich gewissermaßen chemisch, nicht biologisch. Sie sind die Ursache der Rinderkrankheit Bovine Spongiforme Enzephalopathie (BSE) und der Creutzfeldt-Jakob-Krankheit (CJK).

Immunität gegen Infektionskrankheiten

4

**4.1
Wechselspiel
zwischen
Erreger und
Immunität**

Infektionskrankheiten sind das Ergebnis zweier miteinander ringender Kräfte. Auf der einen Seite stehen die Erreger, die versuchen, in unseren Körper einzudringen (Suerbaum et al. 2020). Auf der anderen Seite steht das Immunsystem, das diesen Angriff abzuwehren versucht. Bei ihrer Suche nach einem geeigneten Organ, einem Gewebe oder einer Zelle im Körper, wo sie sich ansiedeln und vermehren können, sind die Erreger äußerst innovationsfreudig. Mit Hilfe unterschiedlicher genetischer Tricks, insbesondere Mutationen, aber auch durch Austausch von Genen, können sie immer wieder neue Mechanismen entwickeln, die für sie vorteilhaft sind. Durch rasche Selektion gewinnen diejenigen Stämme die Oberhand, die am besten gerüstet sind. Dies passiert in sehr kurzer Zeit: Viele bakterielle Krankheitserreger vermehren sich innerhalb von einer halben bis zu einer Stunde und verändern sich mit einer hohen Mutationsrate von bis zu eins in einer Million, d. h. ein veränderter Keim unter einer Million Nachkommen.

Um sich gegen diesen Angriff zu verteidigen, mobilisiert der Körper das Immunsystem. Dieses hat die Funktion eines Bollwerks, das uns vor Viren, Bakterien, Parasiten und anderen krankmachenden Erregern schützt. Eine Immunantwort ist die Reaktion des Immunsystems auf Organismen oder Substanzen, die es als fremd erkannt hat. Um gegen die unterschiedlichsten Krankheitserreger spezifisch vorgehen zu können, muss unser Immunsystem von Anfang an höchst vielseitig sein. Im Großen und Ganzen funktioniert das auch recht gut. Dies können wir insbesondere daran sehen, dass gesunde Menschen mit einem kompetenten Immunsystem mit vergleichsweise harmlosen Infekten wie Erkältungen gut fertig werden. Für sogenannte immunsupprimierte Menschen, deren Immunsystem defekt ist, können dagegen schon banale Infekte lebensgefährlich sein, weil sie keine Abwehrkräfte haben. Hundertprozentig erfolgreich ist die Immunantwort allerdings generell nicht, denn sonst gäbe es keine Infektionskrankheiten. Ein lückenloser Schutz ist schon deshalb unmöglich, weil es sich bei den Erregern um sehr flexibel agierende „Moving Targets" (bewegliche Zielscheiben) handelt, die sich seit Jahrtausenden den Menschen als Ziel auserkoren haben und immer neue Wege finden, die Immunantwort zumindest teilweise auszutricksen.

Krankheitserreger können uns auf unterschiedliche Weise befallen. Bevorzugte Eintrittspforten sind die Haut, die uns eigentlich recht gut vor den Eindringlingen schützen kann, solange sie nicht verletzt ist, außerdem die Schleimhäute sowie von außen zugängliche Organe wie Lunge, Urogenitaltrakt und Verdauungssystem. Die Lunge ist für die Atmung zuständig und muss daher Sauerstoff ein- und Kohlendioxid ausströmen lassen. Damit bietet sie Krankheitserregern viele Zugangsmöglichkeiten. Auch der Verdauungstrakt ist ein vielgenutztes Einfallstor. Schließlich können Keime auch noch auf anderen Wegen in unser Inneres eindringen, beispielsweise durch stechende oder beißende Insekten, über Verletzungen oder bei chirurgischen Eingriffen. Dagegen kann man sich erst einmal schwer schützen.

4.2 Das Immunorgan

Da letztendlich alle möglichen Körperteile infiziert werden können, hat sich das Immunsystem einiges einfallen lassen, um sich an unterschiedlichsten Fronten verteidigen zu können. Das Immunorgan befindet sich nicht in einem kompakten Körperteil wie Lunge, Herz, Magen oder Gehirn, sondern ist über den ganzen Körper verstreut. Eine wichtige Rolle nimmt hierbei die Milz ein, denn sie ist das zentrale Kontrollorgan für den Blutkreislauf. Auch die über den ganzen Körper verteilten Lymphknoten übernehmen eine Wächterfunktion, sie überwachen jeweils einzelne überschaubare Bereiche. Die einzelnen „Wachposten" sind über den Blutkreislauf und das Lymphsystem miteinander verbunden. Dies ermöglicht es den Immunzellen, durch den ganzen Körper zu „patrouillieren" und im Alarmfall rasch eine lokale Abwehrfront aufzubauen. Gleichzeitig wird sofort für Munitionsnachschub gesorgt: Im Knochenmark werden weitere Immunzellen gebildet, die dann an die Kampfstätte wandern.

4.3 Angeborene Immunität

Das Immunorgan hat seine Aufgaben auf zwei Säulen verteilt: Die erste Säule ist das angeborene Immunsystem, das sehr rasch zuschlagen kann, um kurzfristig den Schaden erst einmal einzudämmen. Die angeborene Immunität kann zwischen den unterschiedlichen Erregern nicht genau unterscheiden, deshalb bezeichnen Immunologen sie als unspezifisch. Gleichwohl spielt sie eine entscheidende Rolle bei der Gefahrenabwehr. Die angeborene Immunität erkennt Muster, die für bestimmte Erregertypen charakteristisch sind. Das reicht aus, um unterschiedliche Bakterien oder Viren als feindliche Eindringlinge zu registrieren und rasch loszuschlagen. Diese Aktivierung der Abwehrkräfte ist eine Notfallreaktion und flaut dann wieder ab. Das ist auch gut so, denn eine ständig aktivierte angeborene Immunität kann langfristig Kollateralschäden in unserem Körper anrichten. Allerdings wissen wir seit Kurzem, dass es einen „Lerneffekt" gibt. Die angeborene Immunität kann nämlich trainiert werden. Sie beruhigt sich zwar wieder nach der Konfrontation, kann aber auf einen späteren Infekt mit ähnlichen Erregertypen schneller und stärker reagieren. Das liegt daran, dass die angeborene Immunität durch epigenetische Veränderungen in einen Alarmzustand versetzt wird, der es ihr ermöglicht, gegen einen neuen Angriff noch besser zuzuschlagen. Dies kann auch für die in Kapitel 6 beschriebene heterologe Impfung genutzt werden (siehe ABB. 6.1).

ZELLEN

An der Gegenreaktion unseres von Geburt an vorhandenen Abwehrsystems sind eine Vielzahl von Zelltypen beteiligt. Wichtige Zellen der angeborenen Immunität sind die sogenannten Fresszellen oder Phagozyten. Diese Zellen nehmen eingedrungene Fremdkörper wie Bakterien oder Viren auf und verdauen sie dann – daher der Name „Fresszellen" (siehe TAB. 4.1).

Weitere Zellen des angeborenen Immunsystems sind die Mastzellen, Basophilen und Eosinophilen, die wir häufig als Bösewichte ansehen, da sie bei allergischen Reaktionen eine schädliche Rolle spielen. Ursprünglich hatten sie die Aufgabe, Infektionen mit Würmern abzuwehren. Solche Infektionskrankheiten sind in vielen Ländern immer noch ein großes Problem, kommen in unseren Breiten aber kaum noch vor.

TAB. 4.1:
ABWEHRZELLEN DER ANGEBORENEN IMMUNITÄT UND IHRE AUFGABEN

Zellen	Aufgaben
Phagozyten - Monozyten, Makrophagen - Neutrophile	Aufnahme und Abtötung von Krankheitserregern - Langlebige Phagozyten, besonders wirksam gegen langsam replizierende Erreger; von bestimmten Mikroben als Rückzugsort missbraucht - Kurzlebige Phagozyten, besonders gegen rasch replizierende Erreger
Eosinophile, Basophile, Mastzellen	Allergie und Abwehr von Wurminfektionen
NK-Zellen	Abtötung virusinfizierter Zellen
Dendritische Zellen	Antigenspezifische und funktionsbestimmende Stimulierung von T-Zellen

Quelle: Kaufmann, eigene Darstellung

ABWEHRSTOFFE

Die angeborene Immunität verfügt über sehr vielfältige Mechanismen, um Erreger rasch zu bekämpfen und abzutöten (siehe TAB. 4.2). Das Komplementsystem beispielsweise – dies ist ein System von Plasmaproteinen, die im Zuge der Immunantwort aktiviert werden – kann Bakterien zerstören. Einige Bestandteile, die sogenannten Komplementfaktoren, lösen auch Entzündungsreaktionen aus, die den Kampf gegen die Erreger unterstützen. Ein weiterer wichtiger Bestandteil der angeborenen Immunität sind die Interferone. Diese Proteine hemmen nicht nur die Virusproduktion, sondern produzieren auch Botenstoffe, die an der Regulation und Steuerung der gesamten Immunantwort beteiligt sind. Schließlich sind die Defensine zu erwähnen, die nach ihrer Freisetzung aus Phagozyten Bakterien zerstören und Gifte neutralisieren können.

TAB. 4.2:
ABWEHRFAKTOREN DER ANGEBORENEN IMMUNITÄT UND IHRE AUFGABEN

Zellen	Aufgaben
Komplement	Entzündungsreaktionen, Bakterienlyse
Interferone	Abwehr viraler Infekte
Defensine	Bakterienauflösung, Toxin-Neutralisation

Quelle: Kaufmann, eigene Darstellung

4.4
Erworbene
Immunität

Die zweite Säule der Immunität ist das erworbene Immunsystem, das spezifische Strukturen mit höchster Präzision erkennt. Diese Eigenschaft wird nicht immer wieder neu erworben; vielmehr bildet sich das gesamte Repertoire während der Entwicklung der verantwortlichen Zellen aus. Während dieses Prozesses werden auch Immunzellen, die für körpereigene Strukturen spezifiziert sind, weitgehend ausgemerzt, um gefährliche Autoimmunreaktionen zu verhindern.

Die Immunantwort wird durch den Kontakt mit einer spezifischen Fremdstruktur, dem Antigen, ausgelöst. Als Reaktion darauf kommt es zur Aktivierung und Vermehrung der spezifischen Immunzellen. Meist dauert es ein bis zwei Wochen, bis dieses Immunsystem aktiviert ist und den Eindringling bekämpfen kann. Verantwortlich hierfür ist eine bestimmte Klasse von weißen Blutkörperchen, die sogenannten Lymphozyten, die im Knochenmark gebildet werden.

Diese werden in zwei Klassen unterteilt (siehe TAB. 4.3): Eine Klasse der Lymphozyten sind die sogenannten B-Zellen, die im Knochenmark entstehen und ausgebildet werden. Diese haben als einzige Zellen die Fähigkeit, Plasmazellen zu bilden, die Antikörper ausschütten. Diese Antikörper können dann spezifische Abschnitte des Antigens erkennen und an sie binden. Die zweite Klasse der Lymphozyten sind die sogenannten T-Zellen, die ebenfalls im Knochenmark entstehen. Ihr Name leitet sich von dem Ort ab, in dem sie dann ausgebildet werden, dem Thymus. Sie erkennen die Antigene nicht direkt, sondern identifizieren infizierte Zellen. Diese beiden Klassen werden in den folgenden Abschnitten näher erläutert.

Außerdem werden sogenannte Gedächtniszellen gebildet. Dies sind besonders langlebige B- oder T-Zellen, die sich auch nach Jahren an eine Infektion „erinnern" und bei einer erneuten Infektion sofort den Erreger erkennen, für den sie spezifisch sind. Diese Gedächtniszellen sind daher für eine effektvolle spezifische Infektabwehr entscheidend. Dies ist auch das Geheimnis der Impfung (siehe Kap. 6).

TAB. 4.3:
ABWEHRZELLEN DER ERWORBENEN IMMUNITÄT UND IHRE AUFGABEN

Zellen	Aufgaben
Helfer-T-Zellen - TH1-Zellen - TH2-Zellen - TH17-Zellen	Aktivierung anderer Immunzellen - Aktivierung von Phagozyten und Killer T-Zellen - Aktivierung von B-Zellen, Eosinophilen und Basophilen - Mobilisierung von Entzündungszellen
Regulatorische T-Zellen	Hemmung und gegebenenfalls Beendigung der Immunantwort
Killer-T-Zellen	Auflösung virusinfizierter Zellen
B-Zellen	Infektabwehr durch Antikörper

Quelle: Kaufmann, eigene Darstellung

4.5
B-Zellen und
Antikörper

Antikörper werden von den B-Zellen als Reaktion auf Antigene gebildet und in Blut und Lymphe abgegeben. Man bezeichnet sie auch als Immunglobuline (Ig). Wir unterscheiden fünf Hauptklassen. Erwähnt seien hier die IgA, die in den Schleimhäuten wirken, die IgG, die über einen langen Zeitraum im Blut zirkulieren, und die IgE, die bei Allergien mitreden. Antikörper können Erreger oder ihre Produkte direkt ausfindig machen. Wenn sich erst einmal eine starke Immunantwort ausgebildet hat, greifen sie direkt die Erreger an, für die sie spezifisch sind. Daneben neutralisieren sie Giftstoffe wie das Tetanus-Toxin oder sie verwehren Viren das Andocken an Körperzellen. Dadurch können sich die Viren nicht mehr vermehren und sterben im Idealfall aus. Daneben können sie Abwehrzellen und Abwehrstoffe der angeborenen Immunität stärken.

4.6
T-Zellen und
Zytokine

Die zweite Klasse der Lymphozyten, die sogenannten T-Zellen, kommunizieren sowohl direkt als auch indirekt über Botenstoffe mit anderen Zellen. Diese Botenstoffe, die wir Zytokine nennen, haben sehr vielfältige Funktionen. Einige Zytokine helfen den B-Zellen dabei, zu antikörperproduzierenden Plasmazellen heranzureifen und instruieren sie, welche Art von Antikörperklasse sie produzieren sollen. Andere Zytokine stimulieren die „Fresszellen" (Phagozyten), damit diese Keime besser abtöten können, oder sie lösen Entzündungsreaktionen aus. Wiederum andere Botenstoffe regulieren die Immunantwort und bewirken, dass sich nach erfolgreicher Bekämpfung der Erreger die Immunität wieder abschwächt und keine oder nur geringe Kollateralschäden auftreten. Vergessen wir nicht: Die Immunantwort (siehe TAB. 4.3) ist eine scharfe Waffe. Was für die Erregerbekämpfung nötig ist, kann in unserem Körper auch Schaden anrichten. Wenn z.B. exzessiv körpereigene Stoffe produziert werden, die eine Entzündungsreaktion bewirken, aber nur wenige hemmende Zytokine, kann es zu schwerwiegenden systemischen Reaktionen kommen, die wir als Zytokinsturm bezeichnen. Bei Blutvergiftungen tritt der Zytokinsturm als septischer Schock auf; auch schwere Verläufe viraler Infektionen, z. B. bei der Spanischen Grippe und bei COVID-19, sind auf einen solchen Zytokinsturm zurückzuführen.

Bei den T-Zellen gibt es verschiedene Untergruppen. Eine dieser Gruppen, die Helfer-T-Zellen, steuert über Botenstoffe die Immunantwort (siehe TAB. 4.3). Sie sind die eigentlichen Dirigenten der Immunantwort. Außerdem steuern sie eine weitere T-Zellgruppe, die sogenannten Killer-T-Zellen. Diese besitzen eine Fähigkeit, die sie zu einer besonders wichtigen Waffe im Abwehrkampf gegen Viren macht: Killer-T-Zellen können infizierte Zellen auflösen. Sie vernichten die zellulären Produktionsstätten der Viren im Körper und drehen somit den Viren den Hahn zu.

4.7
Wechselspiel
zwischen
angeborener
und erworbener
Immunität

Die Immunantwort ist ein komplexes Zusammenspiel unterschiedlicher Mechanismen, wobei sich B-Zellen und T-Zellen ergänzen. Die B-Zellen treten insbesondere bei jenen Erregern in Aktion, die sich in extrazellulären Körperbereichen aufhalten. Die von den B-Zellen gebildeten Antikörper können diese Erreger direkt angreifen. Dagegen können sie bei Erregern, die sich in Wirtszellen verstecken, nichts ausrichten. Dies können Bakterien sein wie der Tuberkulose-Erreger oder Parasiten wie der Malaria-Erreger. Auch Viren, die in Wirtszellen vermehrt werden, sind vor Antikörpern geschützt. Hier kommen die Killer-T-Zellen ins Spiel: Sie töten die virusinfizierten Zellen ab. Antikörper stellen also für viele Infektionskrankheiten einen wichtigen Schutzschild dar; für andere Infektionen werden dagegen T-Zellen benötigt, um die versteckten Keime ausfindig zu machen und zu eliminieren. Da T-Zellen auch die Antikörperproduktion durch B-Zellen kontrollieren, sind sie immer an der Infektabwehr beteiligt. Eine Übersicht über die komplexen Zusammenhänge der Immunantwort geben die ABB. 4.1. und 4.2.

ABB. 4.1:
VEREINFACHTE DARSTELLUNG: ÜBERSICHT ÜBER DIE IMMUNANTWORT DURCH T-HELFER-1- UND T-HELFER-2-ZELLEN

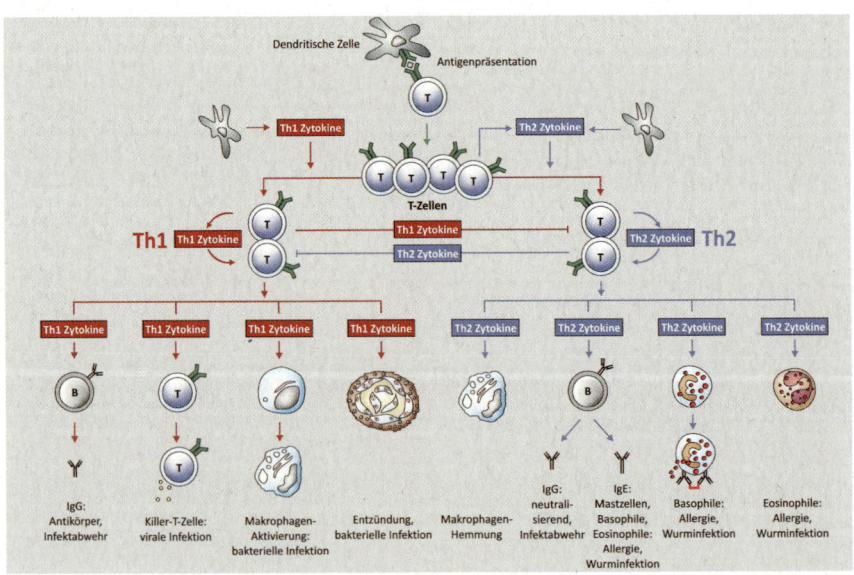

Die Abbildung zeigt in vereinfachter Form das komplexe Wechselspiel bei der Immunantwort. Auffallend ist die enorme Vielfalt der Immunantwort, die durch T-Helfer-Zellen reguliert wird, die entweder vom T-Helfer-1 Typ oder T-Helfer-2 Typ sind.
Abkürzungen: Th1 Zelle: T-Helfer-1 Zelle; Th2 Zelle: T-Helfer-2 Zelle; IgG: Immunglobulin G; IgE: Immunglobulin E.

Quelle: Kaufmann, eigene Darstellung

ABB. 4.2:

VEREINFACHTE DARSTELLUNG: WECHSELSPIEL ZWISCHEN T-HELFER-17-ZELLEN UND REGULATORISCHEN T-ZELLEN

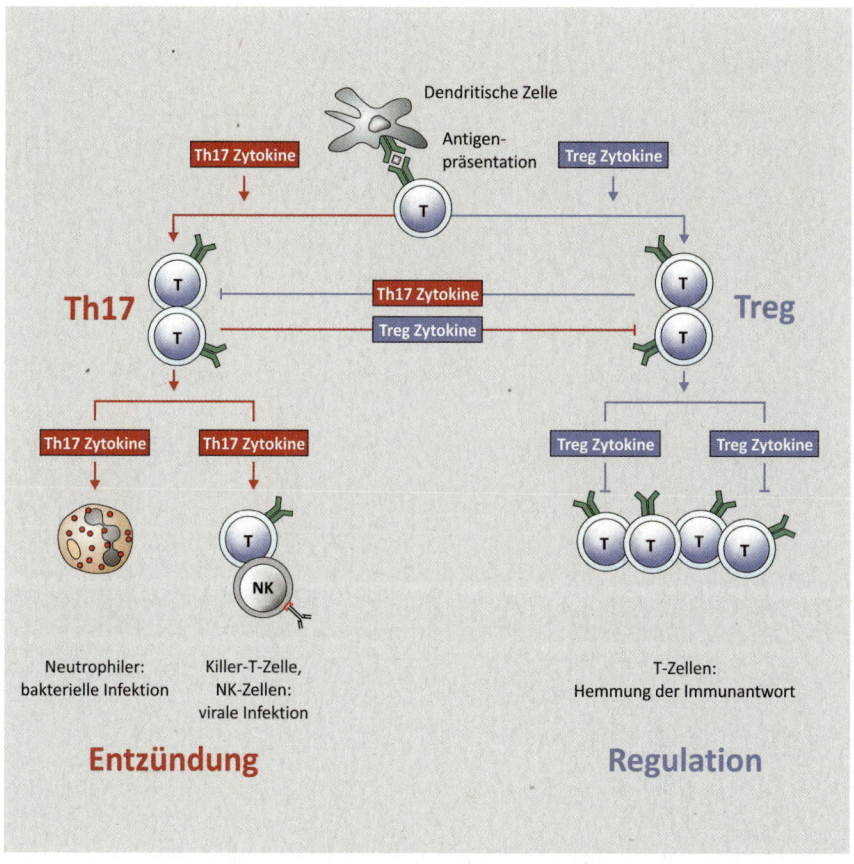

Die Abbildung zeigt in vereinfachter Weise die Wechselwirkungen zwischen TH17-Zellen, die Entzündungsreaktionen vermitteln, und regulatorischen T-Zellen, die die Immunantwort regulieren.
Abkürzungen: Th17 Zelle: T-Helfer-17 Zelle; Treg: regulatorische T-Zelle; NK Zelle: Natural Killer Zelle.

Quelle: Kaufmann, eigene Darstellung

Antiinfektiva
5

ÜBERSICHT

Unter Antiinfektiva verstehen wir Substanzen, die direkt oder indirekt Krankheitserreger hemmen oder abtöten. Die bekanntesten Antiinfektiva sind die Antibiotika, die gegen Bakterien gerichtet sind (Suerbaum et al. 2020; O'Neill 2016b). Einige Antibiotika sind von Naturstoffen abgeleitet, andere werden synthetisch hergestellt. Antibiotika wirken allerdings nicht gegen Viren, deshalb lassen sie sich nicht zur Behandlung von viralen Infekten wie Grippe oder Schnupfen anwenden. Gegen Viren werden stattdessen spezifische Medikamente eingesetzt, die wir als antivirale Therapeutika oder Virostatika bezeichnen.

Alternative Antiinfektiva sind Antikörper, die den Körper unempfänglich gegen bestimmte Krankheitserreger machen, indem sie die krankmachenden Eigenschaften von Bakterien oder Viren neutralisieren. Da der Körper beim Einsatz dieser Substanzen selbst keine Antikörper bildet, nennen wir diese Wirkungsweise auch passive Immunisierung (O'Neill 2016a). Hierzu zählt die passive Impfung gegen Tetanus und Diphtherie, die therapeutisch eingesetzt wird, um das verantwortliche Toxin zu neutralisieren. Auch Antikörper, die das Andocken von Viren an Wirtszellen blockieren, gehören zu dieser Wirkstoffgruppe. Ein Beispiel hierfür ist die Antikörper-Kombination ZMapp, die bereits gegen Ebola eingesetzt wird. Auch die respiratorischen Synzytial-Viren, die Schnupfen und Erkältungskrankheiten hervorrufen, können inzwischen mit einem Antikörper-Präparat bekämpft werden. Gegen SARS-CoV-2 wurden erste Antikörper-Präparate in den USA vorläufig zugelassen (siehe Kap. 2).

Während man früher Antiseren von immunisierten Tieren oder genesenen Patienten als Antikörper genutzt hat, setzt man heute vermehrt monoklonale Antikörper ein, die aus Zellkulturen gewonnen werden. Diese „Antikörper aus der Retorte" haben eine besondere Eigenschaft, die der Arzneimitteltherapie ganz neue Möglichkeiten eröffnet hat: Sie sind auf die Erkennung einer bestimmten Struktur oder eines bestimmten Merkmals spezialisiert. Da sie aufgrund dieser hohen Spezifität zielgenau an dem jeweiligen „Angriffspunkt" ansetzen, sind Kreuzreaktionen und Nebenwirkungen weitgehend ausgeschlossen.

Recht neu sind die sogenannten Nanokörper, die natürlicherweise u.a. in Kamelen und Lamas vorkommen (Ingram 2018). Dank ihrer einfacheren Struktur lassen sich diese antikörperähnlichen Moleküle relativ leicht und rasch herstellen und werden zukünftig weiter an Bedeutung gewinnen. Alle Antikörper sind sogenannte Biologika, d.h. sie leiten sich von körpereigenen Molekülen ab. Hierzu gehören auch die Interferone, die bei der Therapie viraler Infektionen Verwendung finden.

Andere alternative Antiinfektiva greifen nicht direkt die Erreger an, sondern richten sich auf die Wirtszellen und sorgen so dafür, dass Entzündungsprozesse gehemmt und überschießende Immunreaktionen unterdrückt werden. Solche meist kleinen Moleküle werden bereits seit langem bei Infektionen eingesetzt, bei denen es zu einer starken Entzündungsreaktion kommt, die sich gegen den eigenen Körper richtet. Ein Therapeutikum aus dieser Wirkstoffgruppe ist das Medikament Dexamethason, das auch zur COVID-19 Behandlung genutzt wird (siehe Kap. 2).

ANTIBIOTIKA

Wir kennen etwa 15 unterschiedliche Antibiotika-Klassen, die an unterschiedlichen molekularen Zielen in Bakterien angreifen (Sucrbaum et al. 2020). Betalaktam-Antibiotika (zu dieser Gruppe gehört auch Penizillin) unterbrechen den Aufbau der bakteriellen Zellwand und leiten damit einen Auflösungsprozess – die sogenannte Lyse – ein, der die Bakterien zerstört. Tetrazykline, Makrolide und Aminoglykoside stören die Übersetzung der RNS in Proteine in den Ribosomen. Chinolone unterbinden die Umschreibung der DNS in RNS, indem sie die Öffnung des DNS-Rings in Bakterien hemmen, die dieser Umschreibung vorausgeht. Antibiotika sind eine der wichtigsten Waffen bei der Bekämpfung von Infektionskrankheiten, jedoch gibt es bei diesen Medikamenten ein großes Problem: Da die Bakterien immer neue Abwehrstrategien entwickeln, um sich gegen die Wirkung von Antibiotika zu schützen, entwickeln sich immer neue Resistenzen. Unter dem Druck der Antibiotika-Behandlung verändern sich die Bakterien zu resistenten Mutanten, die sich schnell vermehren. Diese Resistenzen entstehen vor allem dann, wenn Antibiotika nicht richtig eingesetzt werden. Antibiotika sollten deshalb nur bei einer bakteriellen Infektion eingenommen werden und auch nur dann, wenn eine Ärztin oder ein Arzt diese verschrieben hat. Außerdem sollten sich Patienten bei der Einnahme an die ärztlichen Vorgaben halten und das Medikament über den gesamten vorgeschriebenen Behandlungszeitraum einnehmen. Das Einhalten dieser Verhaltensregeln löst zwar nicht das Problem der Resistenzentwicklung, verringert es aber (siehe Kap. 7).

BAKTERIELLE RESISTENZEN

Antimikrobielle Resistenzen (AMR) können sich auf unterschiedliche Weise entwickeln (Suerbaum et al. 2020; European Centre for Disease Prevention and Control 2020a; European Centre for Disease Prevention and Control 2020b; Deutsche Akademie der Naturforscher Leopoldina 2013; World Health Organization 2020d; Bundesministerium für Gesundheit 2011; O'Neill 2016b). Einige Bakterien fahren die Produktion von Enzymen hoch, welche die Antibiotika spalten oder inaktivieren. Hierzu gehören die β-Laktamasen, die eine wichtige Struktur in Betalaktam-Antibiotika spalten und so diese Antibiotika-Klasse unwirksam machen. Andere Resistenzen beruhen auf einer Veränderung des Zielmoleküls des Antibiotikums, das dadurch seinen Angriffspunkt verliert und wirkungslos wird. Dies ist der Fall bei den sogenannten *Methicillin-resistenten Staphylococcus aureus* (MRSA) Stämmen. Diese können unterschiedliche Antibiotika unwirksam machen, indem sie beispielsweise die Zellwand verändern oder das Antibiotikum aus dem Bakterium hinausschleudern.

Dies sind nur einige Beispiele, die illustrieren, wie „einfallsreich" Bakterien sind, wenn sie einem starken Selektionsdruck ausgesetzt sind. Da Antibiotika-Resistenzen weltweit auf dem Vormarsch sind, sind wir dringend darauf angewiesen, dass möglichst viele neue Antibiotika mit neuen Wirkmechanismen entwickelt werden.

VIROSTATIKA

Derzeit stehen rund 50 verschiedene Virostatika zur Behandlung viraler Infekte zur Verfügung (Suerbaum et al. 2020). Besonders beindruckend waren die Fortschritte in der Entwicklung von Medikamenten gegen HIV-Infektionen. Inzwischen gibt es Arzneimittel, die die Virus-Vermehrung im Körper verlangsamen und eine AIDS-Erkrankung hinauszögern. Allerdings ist es bislang nicht gelungen, HIV vollständig zu eliminieren; AIDS ist also weiterhin nicht heilbar.

Virostatika können an unterschiedlichen Schritten der Virus-Infektion und Virus-Vermehrung angreifen. Einige hemmen das Andocken des Virus an und seine Aufnahme in die Zelle; andere blockieren die Freisetzung des viralen Genoms innerhalb der Zelle. Daneben gibt es eine ganze Gruppe von Enzymen, die an der Umschreibung der DNA in RNA oder der Übersetzung der RNA in das entsprechende Protein angreifen und damit die Virus-Vermehrung und die Proteinsynthese verhindern. Andere Virostatika greifen auch an den letzten Schritten des viralen Vermehrungszyklus an, indem sie den Zusammenbau neu entstandener Viren oder deren Ausschleusung aus der produzierenden Zelle hemmen.

VIRALE RESISTENZEN

Ebenso wie Bakterien entwickeln auch Viren Resistenzen (Suerbaum et al. 2020; O'Neill 2016b). Ein eindrucksvolles Beispiel sind die Resistenzen der Grippeviren gegen die Wirkstoffe Amantadin und Rimantadin, die ursprünglich äußerst wirksam waren, heute aber ihre Wirkung weitgehend verloren haben. Das gleiche Problem zeigt sich bei der Behandlung der Immunschwächekrankheit AIDS: Die neuen Therapiemöglichkeiten sind natürlich ein gewaltiger Fortschritt. Da aber bislang keine Heilung möglich ist, müssen HIV-Infizierte lebenslang Medikamente einnehmen. Dies belastet nicht nur den Patienten, sondern fördert auch die Entwicklung von Resistenzen. Erschwerend kommt hinzu, dass HIV sehr mutationsfreudig ist und in Infizierten laufend neue Mutanten entstehen. Um das Risiko einer Resistenz zu verringern, werden deshalb bei der AIDS-Behandlung mindestens drei Medikamente mit unterschiedlichen Wirkmechanismen eingesetzt. Außerdem wird darauf geachtet, dass die Vermehrungsrate des HIV niedrig bleibt.

Impfung
6

1. EINLEITUNG
2. FEHLENDE IMPFSTOFFE
3. WIRKMECHANISMEN
4. IMPFSTOFFTYPEN

6.1
Einleitung

Impfungen sind nach Einschätzung der WHO eine der kosteneffizientesten Maßnahmen in der Medizin. Während andere Arzneimittel zur Therapie von Krankheiten eingesetzt werden, dienen Impfstoffe der Vorbeugung (Suerbaum 2020; Kaufmann 2010). Sie sollen vor Krankheiten schützen und insbesondere Infektionskrankheiten verhindern. Da Impfstoffe nicht kranken, sondern gesunden Menschen verabreicht werden, müssen sie höchste Sicherheitsstandards erfüllen. Die hierzulande zugelassenen Impfstoffe gelten als äußerst sicher. Schwerwiegende Nebenwirkungen treten nur sehr selten auf (Paul-Ehrlich-Institut). Geringe Nebenwirkungen lassen sich allerdings nicht ausschließen, so kann es zu Rötungen oder leichten Schmerzen an der Einstichstelle kommen; manchmal kann auch eine vorübergehende Temperaturerhöhung auftreten.

Um einen flächendeckenden Schutz vor einer Infektionskrankheit zu erzielen, ist es wichtig, dass der weitaus größte Teil der Bevölkerung geimpft wird. Grund: In einer mehrheitlich geimpften Population kann sich der Erreger nicht ausbreiten, da er in den Geimpften gewissermaßen in eine Sackgasse gerät, die eine weitere Ansteckung verhindert.

Wenn sich ausreichend viele Menschen impfen lassen, entsteht auf diese Weise eine Herdenimmunität, von der dann auch die wenigen Nichtgeimpften profitieren, zumindest wenn die Impfung die Übertragung blockiert. Impfungen schützen dann nicht nur die geimpfte Person selbst, sondern auch diejenigen Menschen, die beispielsweise aufgrund einer Immunschwäche keine Impfung vertragen.

Die Entwicklung und Standardisierung von Impfstoffen gilt als Meilenstein der modernen Medizin. Weltweite Impfprogramme haben bewirkt, dass zahlreiche Infektionskrankheiten zurückgedrängt worden sind und früher weit verbreitete Krankheiten wie Diphtherie und Kinderlähmung heute kaum noch vorkommen. Im Fall der Pocken gelang sogar die komplette Ausrottung des Erregers. Allerdings können sich Erreger auch schnell wieder ausbreiten, wenn Impflücken aufbrechen, weil ein zunehmender Anteil der Bevölkerung nicht geimpft ist. Diese Entwicklung, die derzeit auch bei uns zu beobachten ist, ist eigentlich paradox: Die Erfolgsgeschichte der Impfungen hat dazu geführt, dass viele Menschen Impfungen vernachlässigen oder ablehnen, weil sie die einst gefürchteten Krankheiten nicht mehr aus eigener Anschauung kennen und deren Gefährlichkeit unterschätzen.

Welche Folgen diese „Impfmüdigkeit" hat, zeigt das Aufflackern von Maserninfektionen. Masern sind eine hochansteckende Krankheit, die in manchen Fällen sogar lebensbedrohlich verlaufen kann. Durch groß angelegte Impfkampagnen konnte das Masernvirus in zahlreichen Regionen weitgehend eliminiert werden. Obwohl der Masernimpfstoff höchst wirksam ist, ist die Durchimpfungsrate in mehreren Ländern zurückgegangen. In Deutschland und anderswo zeigt sich, dass Impflücken in Populationen, die mehrheitlich eine Impfung ablehnen, regelmäßig zu Masernausbrüchen führen. Um dies zu verhindern, wurde in Deutschland vor Kurzem die Masernimpfpflicht eingeführt.

Auch die globale Ausrottung der Kinderlähmung ist noch nicht gelungen, weil in einigen Regionen aus politischen oder kulturellen Gründen die Polio-Impfung abgelehnt oder sogar aktiv verhindert wird. Im Spätsommer 2020 konnte die WHO jedoch nun auch den afrikanischen Kontinent, wo das Virus zuletzt nur noch in Nigeria aufgetreten war, als poliofrei ausrufen. Die letzten beiden Länder, in denen noch Polio-Erkrankungen auftreten, sind Afghanistan und Pakistan. Insgesamt sind es aber weniger als hundert Fälle insgesamt, sodass die berechtigte Hoffnung besteht, das Poliovirus in den nächsten Jahren doch noch komplett ausrotten zu können (The Vaccine Confidence Project 2015).

6.2 Fehlende Impfstoffe

Für zahlreiche Infektionskrankheiten stehen uns bereits wirksame Impfstoffe zur Verfügung, für andere stehen sie allerdings noch aus. Hierfür gibt es vor allem drei Gründe:

- Kosten: Obwohl sich in den meisten Fällen volkswirtschaftlich gesehen ein Impfstoff durchaus rentiert, ist für die Hersteller nicht jeder Impfstoff profitabel. Weil die Entwicklungskosten von Medikamenten sehr hoch sind, fehlt es insbesondere an Impfstoffen gegen vernachlässigte oder seltene Krankheiten. Deshalb müssen neue Wege der Finanzierung gefunden werden, um auch Impfstoffe gegen solche Krankheiten entwickeln zu können, die vor allem Menschen in ärmeren Ländern beziehungsweise einer vergleichsweise kleinen Gruppe von Menschen zugutekommen (GAVI 2019).

- Komplexität: Um die gewünschte Wirkung zu erzielen, müssen Impfstoffe sehr komplexe Immunmechanismen in Gang setzen. Dies ist vor allem bei solchen Erkrankungen der Fall, bei denen der Schutz auf vielschichtigen Wechselwirkungen zwischen unterschiedlichen T-Zellen beruht. Die Wirkungsweise des Impfstoffs muss so ausgeklügelt sein, dass der Schutzmechanismus besser ist als die Immunreaktion, die bei einer natürlichen Infektion mit dem Erreger ausgelöst werden würde.

- Neue Erkrankungen: Immer wieder treten neuartige Infektionskrankheiten auf, die auf bis dahin unbekannte Erreger zurückgehen. Beispiele aus der jüngsten Zeit sind neben COVID-19 auch tropische Viruserkrankungen wie Ebola, Zika und Chikungunya. Um einen Impfstoff entwickeln zu können, ist intensive und häufig auch langwierige Forschungsarbeit nötig, da erst einmal die Grundprinzipien des Infektionsverlaufs und der Immunität verstanden werden müssen. Das Beispiel COVID-19 zeigt jedoch, dass so etwas auch schnell gehen kann, wenn der entsprechende Wille dazu vorhanden ist.

Häufig erschweren auch mehrere Faktoren die Entwicklung neuer Impfstoffe. Ein Beispiel hierfür ist die Tuberkulose: Obwohl 2019 weltweit rund zehn Millionen Menschen neu an Tuberkulose erkrankten und 1,4 Millionen Menschen daran starben, gibt es derzeit nur einen einzigen Impfstoff, der allerdings nicht besonders wirksam ist und nur sehr eingeschränkt schützt (World Health Organization 2020a). Dass bislang kein neuer Impfstoff zur Verfügung steht, hat u.a. ökonomische Gründe. Investitionen in die Entwicklung rechnen sich nicht, wenn nicht gleichzeitig sichergestellt wird, dass der neue Impfstoff auch in armen Ländern erschwinglich ist, d. h. finanzielle Unterstützung von anderer Seite hinzu kommt (GAVI 2019). Außerdem ist die Entwicklung eines Impfstoffs gegen Tuberkulose außerordentlich aufwendig, weil der spezifische Schutz gegen die Erreger auf einem vielschichtigen Wechselspiel zwischen unterschiedlichen T-Zellen und B-Zellen beruht. TAB. 6.1 listet wichtige Krankheiten auf, für die wirksame Impfstoffe verfügbar sind. TAB. 6.2 bringt einige Krankheiten, für die wirksame Impfstoffe noch immer fehlen.

6.3 Wirkmechanismen

Im Grunde simuliert die Impfung eine Infektion. Der Körper bekommt mit dem Impfstoff abgetötete oder abgeschwächte Krankheitserreger oder Bestandteile derselben zugeführt, die dann – ohne eine Erkrankung auszulösen – das Immunsystem auf Trab bringen und eine schützende Immunantwort stimulieren. Diese Stimulation bewirkt, dass das körpereigene Immunsystem bei einem künftigen Kontakt mit dem Erreger sofort reagieren und die entsprechenden Abwehrmechanismen entwickeln kann. Dieser Schutz gelingt auf unterschiedliche Weise. Bei den gängigen Impfstoffen ist die Bildung von Antikörpern von ausschlaggebender Bedeutung. Die im Körper zirkulierenden Antikörper verhindern die Infektion und damit die Erkrankung. Gleichzeitig verhindern sie damit auch die Ausbreitung der Erreger. Wenn diese sogenannten prä-existierenden Antikörper nicht ausreichen, wird von B-Zellen schnell Nachschub geliefert.

In einigen Fällen reichen Antikörper aber nicht aus, um die Infektion erfolgreich abzuwehren. Dann werden auch T-Zellen benötigt (siehe Kap. 4). Diese greifen Erreger an, die sich im Menschen bereits angesiedelt haben. Diese Art von Impfstoffen verhindert also weniger die Infektion, sondern vielmehr die Erkrankung, die durch die Infektion entstehen kann. Da die Stimulierung von Antikörpern leichter zu bewerkstelligen ist als die von T-Zellen, ist die Entwicklung der zweiten Impfstoffklasse deutlich „kniffliger", weil es hierbei entscheidend darauf ankommt, dass die „richtige Mischung" aus unterschiedlichen T-Zellpopulationen stimuliert wird.

Generell gibt es zwei Arten von Impfstoffen: die sogenannten Ganzzell-Vakzinen und die Untereinheiten-Vakzinen. Beide Impfstoffarten bestehen aus drei Komponenten. Eine dieser Komponenten sind die Antigene. Diese haben die Eigenschaft, dass sich Antikörper spezifisch an sie binden. Antigene sind daher für die Spezifität der Immunantwort zuständig. Als Zweites kommen Verstärkerstoffe hinzu, die dafür sorgen, dass der Impfschutz auch ausreichend stark ist. Außerdem gibt es noch verschiedene Begleitkomponenten.

6.4
Impfstofftypen

GANZZELL-IMPFSTOFFE

Ganzzell-Vakzinen bestehen aus gesamten Organismen, enthalten also mehr oder weniger alle Antigene. Dieses breite Spektrum an Antigenen macht diese Art von Impfstoffen besonders wirkungsvoll, hat aber auch einen Nachteil: Ganzzell-Vakzinen können unter Umständen auch schädliche oder hemmende Komponenten enthalten. Eine Krankheit können sie in gesunden Menschen allerdings nicht hervorrufen, weil die krankmachenden Eigenschaften des Erregers gezielt vermindert oder inaktiviert wurden.

Bei den sogenannten attenuierten (d. h. abgeschwächten) Lebendimpfstoffen wird der Erreger durch unterschiedliche Behandlungen soweit abgeschwächt, dass er keine Krankheit mehr auslösen kann, aber trotzdem eine schützende Immunität hervorruft. Solche Lebendimpfstoffe werden beispielsweise gegen die Kinderkrankheiten Masern, Mumps und Röteln sowie verschiedene andere Viruserkrankungen eingesetzt. Dass diese Verfahren in der gewünschten Weise funktionieren, zeigt sich u.a. daran, dass auch Kleinkinder mit einem unvollständig ausgebildeten Immunsystem diese Impfstoffe gut vertragen. Außer gegen Viruserkrankungen lassen sich Lebendimpfstoffe auch gegen bakterielle Infektionskrankheiten einsetzen. Ein Beispiel hierfür ist der Tuberkulose-Impfstoff BCG. Dessen Schutzwirkung ist allerdings begrenzt: Während er Kleinkinder vor heftigen Krankheitsverläufen schützt, wirkt der Impfstoff bei Erwachsenen kaum oder gar nicht.

Neben den Lebendimpfstoffen gibt es auch Totimpfstoffe. Hierbei werden Erreger durch unterschiedliche Behandlungen abgetötet und in einigen Fällen auch teilgereinigt. Solche inaktivierten Erreger werden u.a. gegen Grippe, Hepatitis A und Cholera eingesetzt. Um ihre Wirkung zu verstärken, werden einigen dieser Impfstoffe bestimmte Verstärkerstoffe zugesetzt, die wir als Adjuvanzien bezeichnen.

UNTEREINHEITEN-IMPFSTOFFE

Untereinheiten-Impfstoffe enthalten meist nur wenige Antigene, die allerdings eine wichtige Rolle spielen: Diese mehr oder weniger reinen Antigene sind für den Impfschutz verantwortlich beziehungsweise wesentlich daran beteiligt, deshalb werden sie auch als Protektiv-Antigene bezeichnet. Impfstoffe dieser Art haben den Vorteil, dass mögliche Nebenwirkungen durch kontaminierende Bestandteile weitgehend ausgeschlossen werden können. Allerdings sind reine Antigene meist nur schwach wirksam und benötigen daher Verstärkung. Diese Aufgaben übernehmen die Adjuvanzien – wir sprechen von einer Antigen-Adjuvans-Formulierung. Impfstoffe dieser Art werden gegen Diphtherie- und Tetanus-Toxine, gegen das Hepatitis-B-Virus und Meningokokken-Bakterien vom Typ B eingesetzt. Bei den beiden letztgenannten Impfstoffen werden gentechnisch hergestellte Proteine verwendet. Kohlenhydrate sind äußerst schwache Antigene, die selbst durch Adjuvanzien nicht ausreichend verstärkt werden können. Andererseits muss sich die Impfung gegen Pneumokokken gegen die Kohlenhydrat-Bestandteile der Bakterienkapsel richten. Dieses Problem konnte durch die Konjugation der Pneumokokken-Kohlenhydrate an einen Proteinträger, z. B. das Tetanus-Toxoid, gelöst werden. Denn durch die Verabreichung der an den Proteinträger gekoppelten Kohlenhydrate gelingt ein wirksamer Impfschutz mit dem Konjugat-Impfstoff. Dies ist ein wichtiger Beleg, dass der Immunschutz besser sein kann, ja muss, als der Schutz durch natürliche Infektion.

NEUE IMPFSTRATEGIEN

Für mehrere wichtige Krankheitserreger fehlen uns noch immer wirksame Impfstoffe. Dies hat verschiedene Gründe. Bei einigen Krankheiten wie Tuberkulose, AIDS und Malaria stehen Forschung und Entwicklung vor der Schwierigkeit, dass die Impfung neben Antikörpern auch die „richtige Mischung" an T-Zellen stimulieren muss. In anderen Fällen handelt es sich um neue Erreger, für die aus Zeitgründen noch keine Impfstoffe entwickelt beziehungsweise abschließend eingesetzt werden konnten. Dies gilt u.a. für die Coronaviren, die SARS, MERS und COVID-19 hervorrufen.

Bei der Entwicklung von Impfstoffen verfolgen die Forscher inzwischen verschiedene neue Ansätze. Manche setzen beispielsweise auf molekulargenetisch veränderte, also rekombinante Lebendimpfstoffe. Dieser Ansatz wird u.a. bei der Entwicklung eines neuen Tuberkulose-Impfstoffs verfolgt, der den bislang einzigen verfügbaren, aber nicht ausreichend wirksamen Impfstoff BCG verbessern soll. Der Impfstoffkandidat befindet sich derzeit in der letzten klinischen Phase, in der geprüft wird, ob er die gewünschte Schutzwirkung entfaltet (Kaufmann 2020). Für neu auftretende virale Infektionskrankheiten werden dagegen virale Träger getestet (siehe Kap. 2). Besonders vielversprechend sind nicht vermehrungsfähige Adenovirus-Typen, von denen man weiß, dass sie eine starke Immunantwort hervorrufen.

Ein weiterer neuartiger Ansatz sind Nukleinsäure-Impfstoffe (siehe Kap. 2). Diese stehen aktuell insbesondere deshalb im Fokus der Forschung, weil sie sehr rasch entwickelt und kostengünstig in großen Mengen produziert werden können. Es gibt zwei Arten von Nukleinsäure-Impfstoffen: DNA-Impfstoffe und RNA-Impfstoffe. Anders als bei einer herkömmlichen Schutzimpfung werden dem Organismus keine fertigen Bestandteile eines Erregers verabreicht, sondern nur ausgewählte genetische Informationen des Erregers in Form von Nukleinsäuren, die dann den menschlichen Zellen als Bauanleitung für die Bildung von Antigenen dienen. Es werden also keine Erreger in den Körper eingebracht, sondern der Körper stellt anhand der verabreichten Kopiervorlage selbst das Antigen des Erregers her und löst damit eine Abwehrreaktion des Immunsystems aus (siehe ABB. 2.3).

Ähnlich wie die meisten Impfstoffe werden auch RNA-Impfstoffe in die Muskulatur gespritzt. Sie werden dann von Muskelzellen und bestimmten Zellen des Immunsystems – den dendritischen Zellen – aufgenommen, die dann die entsprechenden Antigene produzieren und so die spezifische Immunantwort stimulieren. Die dendritischen Zellen produzieren diese Antigene nicht nur selbst, sondern nehmen auch Antigene auf, die von den Muskelzellen gebildet wurden.

ADJUVANZIEN

Adjuvanzien werden für die Impfstoffentwicklung immer wichtiger. Diese Impfverstärker bestehen meist aus einer Formulierung aus oberflächenaktiven Substanzen in einer Emulsion aus Wasser und Lipiden. Hinzu kommen molekulare Bestandteile, die die angeborene Immunität in die gewünschte Richtung leiten. Adjuvanzien können nicht nur die Wirkung schwacher Antigene verstärken, sie ermöglichen es auch, die Menge stärkerer Antigene im Impfstoff deutlich zu reduzieren. Das ist dann besonders wichtig, wenn sich die Gewinnung von großen Antigen-Mengen als Nadelöhr bei der Impfstoff-Herstellung herausstellt. Da sich einige Adjuvans-Bestandteile nur unter großem Aufwand und zu hohen Kosten herstellen lassen, kann auch dadurch ein Engpass bei der Großproduktion entstehen.

HETEROLOGE IMPFUNG

Seit einiger Zeit weiß man, dass Lebendimpfstoffe breiteren Schutz hervorrufen können, der über ihre spezifische Wirkung gegen den eigentlichen Erreger hinausgeht. Dies gilt besonders für die Impfung mit BCG. Forschungen hierzu haben gezeigt, dass die durch den Tuberkulose-Impfstoff trainierten Abwehrzellen auch gegen eine Infektion mit einem fremden Erreger vorgehen können (siehe ABB. 6.1). Das Überraschende dabei: Der Impfstoff BCG kann Erwachsene gegen virale Infektionen der Atemwege schützen, obwohl er gegen sein eigentliches Angriffsziel – die Lungentuberkulose – weitgehend wirkungslos ist (siehe Kap. 2).

ABB. 6.1:

VEREINFACHTE DARSTELLUNG: STIMULATION VON HETEROLOGEM IMPFSCHUTZ DURCH TRAINIERTE MAKROPHAGEN

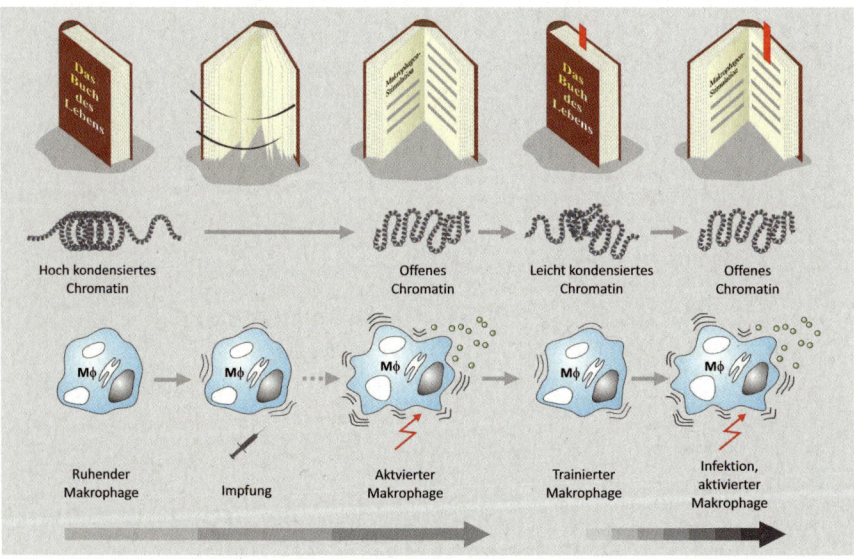

In ruhenden Makrophagen ist die DNA eng zusammengeballt (hochkondensierter Chromatin). Nach einer Impfung produzieren Makrophagen zahlreiche Eiweißstoffe, die an der Abwehr von Krankheitserregern beteiligt sind. Damit diese Proteine neu gebildet werden können, muss die DNA aufgelockert werden, sodass die verantwortlichen DNA-Strukturen (die Gene) in RNA überschrieben werden können. Dies ermöglicht anschließend die Übersetzung der RNA in die Abwehrstoffe, die von aktivierten Makrophagen gebildet werden. Der Makrophage ist jetzt aktiviert. Nach einer gewissen Zeit „beruhigt" sich der Makrophage wieder und die Bildung der Abwehrstoffe wird eingestellt. Die DNA wird nun etwas, aber nicht völlig zusammengeballt. Damit bleiben die für die aktivierten Makrophagen typischen Gene weitgehend „offen" (leicht kondensiertes Chromatin). Wir sprechen jetzt von einem trainierten Makrophagen. Kommt es später zu einer Infektion, kann der Makrophage rasch aktiviert werden, denn das nur leicht kondensierte Chromatin kann umgehend in RNA umgeschrieben werden, sodass sehr viel schneller und stärker die Abwehr in Gang kommt. Zur Anwendung gegen COVID-19 siehe auch Kapitel 2.

Quelle: Kaufmann, eigene Darstellung

TAB. 6.1:
EINIGE ANSTECKENDE KRANKHEITEN, FÜR DIE WIRKSAME IMPFSTOFFE VERFÜGBAR SIND

Erkrankung	Impfstoff
Masern	Attenuierter Lebendimpfstoff
Röteln	Attenuierter Lebendimpfstoff
Mumps	Attenuierter Lebendimpfstoff
Windpocken	Attenuierter Lebendimpfstoff
Kinderlähmung	Inaktivierter Impfstoff
Grippe	Inaktivierter Impfstoff
Hepatitis A	Inaktivierter Impfstoff
Cholera	Inaktivierter Impfstoff
Gürtelrose	Antigen-Adjuvans-Formulierung
Meningokokken Typ B	Antigen-Adjuvans-Formulierung
Tetanus	Toxoid-Antigen-Adjuvans-Formulierung
Diphtherie	Toxoid-Antigen-Adjuvans-Formulierung
Pneumokokken-Pneumonie	Konjugat-Impfstoff

Quelle: Kaufmann, eigene Darstellung

TAB. 6.2:
WICHTIGE ANSTECKENDE KRANKHEITEN, FÜR DIE WIRKSAME WIRKSTOFFE NICHT VERFÜGBAR SIND

Erkrankung	Kommentar
AIDS	Trotz jahrzehntelanger Forschung ist noch immer kein wirksamer Impfstoff vorhanden.
Malaria	Zwar wurde in den letzten Jahren ein neuer Malaria-Impfstoff (RTS,S) entwickelt, dessen Schutzwirkung ist aber unbefriedigend.
Tuberkulose	Zwar steht mit BCG ein Impfstoff zur Verfügung, der gegen eine schwere Kleinkind-Tuberkulose schützen kann, gegen die Lungentuberkulose jedoch kaum bis gar nicht. Mehrere Impfstoff-kandidaten befinden sich in einem weit fortge-schrittenen Stadium.
Hepatitis C	Zwar werden derzeit mehrere Impfstoffkandidaten gegen Hepatitis C entwickelt, dies wird aber noch eine längere Zeit dauern.
COVID-19	Mehrere Impfstoffkandidaten wurden im Schnell-verfahren bis zu einem fortgeschrittenen Stadium entwickelt. Ein erster Impfstoff (BioNTech/Pfizer) wurde in Großbritannien vorläufig zugelassen.

Quelle: Kaufmann, eigene Darstellung

Antimikrobielle Resistenz – ein globales Problem

7

7.1
Übersicht

Unter dem Begriff antimikrobielle Resistenz (AMR) verstehen wir die Fähigkeit eines Erregers, der Wirkung eines Antiinfektivums zu widerstehen. Uns beschäftigt hier insbesondere die Resistenz gegenüber Antibiotika oder Virostatika (Suerbaum 2020, O'Neill 2016b; Bundesministerium für Gesundheit 2011 und 2020; World Health Organization 2020d; Deutsche Akademie der Naturforscher Leopoldina 2013; European Centre for Disease Prevention and Control 2020a und 2020b). Während einige Erreger gegen bestimmte Antibiotika natürlicherweise resistent sind, stellen uns die neu erworbenen Resistenzen, die unter dem Druck einer antibiotischen Behandlung entstehen, vor ständig neue Herausforderungen. Bei der Behandlung einer Infektionskrankheit wird generell zuerst auf dasjenige Medikament zurückgegriffen, das die wenigsten Nebenwirkungen zeigt (European Centre for Disease Prevention and Control 2020a und 2020b). Sind die Erreger gegen dieses Antibiotikum erster Ordnung resistent, müssen die Mediziner ein anderes Antibiotikum zweiter Ordnung finden, das gegen die resistenten Erreger wirksam ist. Dies kann dazu führen, dass sich der Beginn der Behandlung verzögert. Dies ist nicht die einzige Schwierigkeit: Antibiotika zweiter Ordnung haben häufig stärkere Nebenwirkungen und sind meist auch wesentlich teurer.

Einzelresistenzen stellen bereits ein erhebliches Problem dar; noch gefährlicher aber sind Multiresistenzen, die immer häufiger auftreten. Im schlimmsten Fall handelt sich um extrem- oder extensivresistente Stämme, gegen die so gut wie keine Antibiotika mehr wirken (World Health Organization 2017). Umso wichtiger ist es, dass wir über möglichst viele sogenannte Reserve-Antibiotika verfügen, gegen die sich bislang nur selten Resistenzen entwickelt haben (World

Health Organization 2019c). Wenn auch gegen diese Reserve-Antibiotika die Resistenzen zunehmen, gehen uns die Alternativen aus – mit katastrophalen Konsequenzen.

Antibiotika-Resistenzen entstehen nicht nur bei der Behandlung von Patienten, insbesondere im Krankenhaus; eine weitere Quelle von Resistenzen ist die Tierzucht. Entstehung und Übertragung von Antibiotika-Resistenzen sind vereinfacht in ABB. 7.1 dargestellt.

ABB. 7.1:
VEREINFACHTE DARSTELLUNG: ENTSTEHUNG UND ÜBERTRAGUNG VON ANTIBIOTIKARESISTENZEN

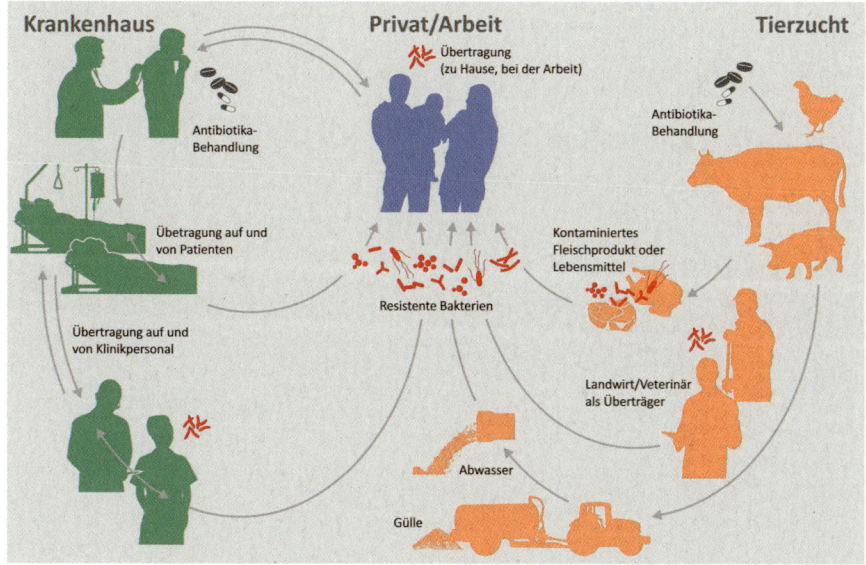

Links: Im Krankenhaus ist das Entstehungs- und Übertragungsrisiko mit resistenter Keime deutlich erhöht, da viele Patienten mit Antibiotika behandelt werden und enger Kontakt die Übertragung erleichtert.
Mitte: Durch unsachgemäße Einnahme von Antibiotika besteht auch im Privat- und Berufsleben das Risiko einer Resistenzentwicklung und resistente Keime können auch hier übertragen werden.
Rechts: In der industrialisierten Tierzucht ist die Entstehung von Antibiotika-resistenten Keimen aufgrund von unsachgemäßem Einsatz deutlich erhöht. In diesem Fall können Landwirte und Veterinärmediziner Träger von resistenten Keimen sein. Über den Verzehr von kontaminiertem Fleisch können resistente Bakterien auf die Allgemeinbevölkerung übertragen werden und über die Gülle können Antibiotika-resistente Keime und Antibiotika-Rückstände in die Umwelt gelangen.

Quelle: Kaufmann, eigene Darstellung

TODESFÄLLE DURCH AMR

Schätzungen zufolge sterben in der EU mittlerweile jährlich etwa 35.000 Patienten aufgrund von resistenten bakteriellen Infektionen. In Indien geht man von 60.000 Todesfällen allein bei Kleinkindern aus, weltweit dürften es etwa 700.000 Tote sein. Auch die finanziellen Folgen durch AMR sind erheblich: Die durch AMR verursachten Ausgaben im Gesundheitswesen und Produktivitätsverluste summieren sich auf jährlich 1,5 Milliarden Euro (O'Neill 2016b).

Experten gehen davon aus, dass sich das Problem weiter verschärfen und die Zahl der jährlichen Todesfälle bis zum Jahr 2050 auf zehn Millionen ansteigen wird (O'Neill 2016b). Den Prognosen zufolge würde ein geringer Anteil auf Nordamerika und Europa entfallen, deutlich schlimmer wird es Afrika und Asien treffen.

Besonders dramatisch ist die Lage bei der Tuberkulose, die von Beginn an mit drei bis vier verschiedenen Antibiotika behandelt werden muss – und das über einen Zeitraum von sechs Monaten. Inzwischen sterben jährlich weltweit 200.000 Menschen an einer multiresistenten Tuberkulose (O'Neill 2016b, The White House 2015, World Health Organization 2020a). Das sind fast ein Drittel der insgesamt 700.000 Todesfälle, die durch Infektionen mit AMR-Erregern verursacht werden. Die Hilfsorganisation „Ärzte ohne Grenzen" hat einmal vorgerechnet, dass Patienten, die wegen einer multiresistenten Tuberkulose behandelt werden, über zwei Jahre – solange dauert nämlich die Behandlung einer resistenten Tuberkulose – knapp 15.000 Medikamente einnehmen müssen. Dabei besteht in jenen Ländern, in denen die Tuberkulose-Krankheit am heftigsten grassiert, nur eine 50-prozentige Chance, dass die Behandlung am Ende auch erfolgreich ist.

URSACHEN

Dass Resistenzen gegen Antibiotika so rasant zunehmen, liegt u.a. daran, dass sie häufig falsch eingesetzt und falsch eingenommen werden. Dies ist inzwischen bei der Hälfte aller weltweit eingenommenen Antibiotika der Fall. So werden beispielsweise häufig Antibiotika zur Behandlung von Atemwegsinfektionen verschrieben. Dort sind sie allerdings völlig fehl am Platze: Die meisten Atemwegsinfektionen werden durch Viren verursacht. Antibiotika können aber gegen Viren nichts ausrichten, die Medikamente helfen also gar nicht. Allein in den USA werden jährlich 40 Millionen Patienten mit Atemwegssymptomen mit Antibiotika behandelt, obwohl es sich in zwei Dritteln der Fälle um virale Infekte handelt.

Auch andere Umstände tragen dazu bei, dass Antibiotika viel zu häufig und ohne jeglichen medizinischen Nutzen eingesetzt werden. So sind z.B. in einigen Schwellenländern Antibiotika rezeptfrei erhältlich. Dies führt dazu, dass viele Menschen diese Medikamente ohne ärztliche Verordnung schlucken, ohne zu wissen, ob diese überhaupt helfen bzw. in welcher Dosierung und wie lange man diese einnehmen sollte. Auch in unseren Breiten nimmt so mancher nach eigenem Gutdünken ein übrig gebliebenes Antibiotikum ein, das ursprünglich einmal einem Mitbewohner verschrieben war. Man sollte sich immer vor Augen halten: Wer an einer Grippe leidet, dem hilft kein Antibiotikum auf der Welt. Weder Fieber noch laufende Nase noch Husten bessern sich damit. Noch immer aber glaubt fast die Hälfte aller Europäer, dass Antibiotika auch gegen Viren helfen (European Centre for Disease Prevention and Control 2020b).

Zwischen 2010 und 2014 hat sich der Antibiotika-Verbrauch in Europa fast verdoppelt (European Centre for Disease Prevention and Control 2020a und 2020b). Dabei gibt es deutliche Unterschiede zwischen den einzelnen Ländern. Während in den Niederlanden etwa ein Prozent der Bevölkerung täglich mit einem Antibiotikum behandelt wird, sind es in Italien fast drei Prozent und in Griechenland deutlich mehr als drei Prozent. In Deutschland liegt der Anteil der täglichen „Antibiotika-Einnehmer" bei 1,5 Prozent.

Erfreulicherweise hat sich die Situation in den letzten Jahren in Europa etwas verbessert. Besonders eindrucksvoll ist der Rückgang an Antibiotika-Verschreibungen im ersten Halbjahr 2020. Im Vergleich zu 2019 sind in diesem Zeitraum rund 40 Prozent weniger Rezepte für Antibiotika ausgestellt wurden – hier scheint die COVID-19-Krise etwas Positives bewirkt zu haben.

7.3
Landwirtschaft

Ein zweites Riesenproblem ist der Einsatz von Antibiotika in der Landwirtschaft (O'Neill 2015b). Wir vertilgen immer noch sehr viel Fleisch, um nicht zu sagen viel zu viel. Weltweit isst ein Mensch im Durchschnitt jedes Jahr 43 Kilo Fleisch vom Schwein, Rind, Geflügel oder anderen Nutztieren. In Deutschland liegt der Verbrauch mit 68 Kilo Fleisch pro Kopf sogar noch höher. Solche riesigen Fleischmengen lassen sich nur mit einer durchindustrialisierten Tiermast erzeugen. Schätzungen zufolge werden weltweit jährlich 93 Millionen Tonnen Geflügelfleisch, 108 Millionen Tonnen Schweinefleisch und 63 Millionen Tonnen Rindfleisch produziert. Der größte Anteil entfällt auf die industrialisierte Tierzucht, in der ein massiver Antibiotika-Einsatz üblich ist. 80 Prozent der Fleischproduktion fallen übrigens auf die G20-Mitgliedsstaaten (siehe TAB 7.1).

TAB. 7.1:
DIE FÜNF GRÖSSTEN FLEISCHPRODUZENTEN IN 2015
(MENGE IN MILLIONEN TONNEN)

Schweine	China (57,8)	EU (22,5)	USA (11,8)	Brasilien (3,3)	Japan (2,8)
Rind	USA (12,6)	Brasilien (10,0)	EU (7,8)	China (7,4)	Indien (4,5)
Geflügel	USA (18,3)	China (13,3)	Brasilien (13,0)	EU (11,0)	Indien (4,0)

Quelle: Kaufmann, eigene Darstellung

ANTIBIOTIKA ALS WACHSTUMSFÖRDERER

In den USA wandern 80 Prozent aller Antibiotika in den Veterinärbereich, nur 20 Prozent werden in der Humanmedizin eingesetzt (Kaufmann 2010). Natürlich sollen lebensgefährdende Infektionskrankheiten von Tieren therapiert werden, in der Tiermast werden aber weniger als 20 Prozent der eingesetzten Antibiotika für diesen Zweck verwendet. Etwa doppelt so viele Antibiotika werden zur Prävention eingesetzt, um Infektionen zu verhindern. In Einzelfällen mag dies berechtigt sein, aber in dieser großen Menge ist das nicht vertretbar.

Mehr als die Hälfte der Antibiotika in der Tiermast wird als Leistungsförderer verwendet. Besonders problematisch ist dabei, dass die zur Wachstumsförderung eingesetzten Antibiotika häufig in subtherapeutischen Dosen verabreicht werden, weil dies den Erregern eine Resistenzentwicklung erleichtert. So groß ist der Wachstumseffekt im Übrigen gar nicht: Mit dem Einsatz von Antibiotika lässt sich der Fleischertrag um gerade mal fünf Prozent steigern. Ein Komplettverbot von Antibiotika zur Wachstumssteigerung wäre also ökonomisch durchaus vertretbar. Zumindest muss der Einsatz in der Tierzucht auf ein Minimum beschränkt werden.

Auch ein anderer Zweig der industrialisierten Tierzucht zeichnet sich durch einen massiven Antibiotika-Einsatz aus: In Aquakulturen werden meist besonders hohe Antibiotikamengen verwendet, da die Medikamente direkt ins Wasser „geworfen" werden, wo sie dann von den Fischen oder Meeresfrüchten aufgenommen werden. Selbst die industrialisierte Pflanzenzucht bleibt nicht von Antibiotika verschont. So werden z.B. in den Niederlanden bestimmte Fungizide bei der Tulpenproduktion eingesetzt. Dies kann auch Auswirkungen auf die ohnehin bereits schwierige Behandlung von Pilzinfektionen haben. Der Einsatz dieser Mittel soll nun verboten werden.

VERBRAUCHSZAHLEN

Der Antibiotika-Verbrauch in der Landwirtschaft ist riesig, genaue Zahlen dazu liegen aber nicht vor. Weltweit dürften es zwischen 70.000 und 250.000 Tonnen jährlich sein, Tendenz steigend. Experten schätzen, dass sich der Antibiotika-Verbrauch innerhalb von zwei Jahrzehnten bis zum Jahr 2030 um fast 70 Prozent erhöht haben wird. Den größten Anteil haben die BRICS-Staaten (Brasilien, Russland, Indien, China und Südafrika); in diesen Ländern wird sich der Verbrauch voraussichtlich verdoppeln. In den EU-Ländern ist der Antibiotika-Einsatz in der Landwirtschaft zwar gesunken, allerdings gibt es große Unterschiede zwischen den einzelnen Mitgliedstaaten. Dänemark hat hier eine Vorreiterrolle übernommen: Dort hat man 1995 zuerst einzelne und im Jahr 2000 schließlich alle Antibiotika für die Nutzung in der industriellen Tierzucht untersagt. Trotz dieser Restriktionen nahm die Schweinezucht zwischen 1992 und 2008 um fast die Hälfte zu. Dänemark hat damit gezeigt, dass sich Landwirte auch ohne den Einsatz von Antibiotika auf dem Markt behaupten können.

Seit 2006 ist in der gesamten EU der Einsatz von Antibiotika zur Leistungsförderung in der Tiermast verboten. Es gibt aber immer noch schwarze Schafe in der Branche, die sich darüber hinwegsetzen.

Zudem muss der Antibiotika-Einsatz zur Therapie deutlich verringert werden. Dies gilt insbesondere für die Reserve-Antibiotika, gegen die sich bislang nur wenige Resistenzen herausgebildet haben (World Health Organization 2017 und 2019c). Dass ein EU-weites Verbot der wichtigsten Antibiotika in der Tierzucht dringend nötig ist, zeigt eine kürzlich erschienene Studie (Benning 2020). Demnach wurden in fünf EU-Staaten – darunter auch Deutschland – in jedem zweiten Geflügelfleischprodukt zweier großer Supermarktketten zwei Vertreter der Reserve-Antibiotika-Gruppe nachgewiesen. Umso bedauerlicher ist, dass möglicherweise kein Komplettverbot vorgesehen ist: Bei ernsthaften Erkrankungen oder zum Wohle des Tieres soll der Einsatz von Reserve-Antibiotika weiterhin erlaubt sein. Entsprechende Einschränkungen müssen auch in den BRICS-Staaten durchgesetzt werden, denn dort steigt der Antibiotika-Verbrauch in der Landwirtschaft am stärksten.

7.4 Der Jim O'Neill Bericht

Eine Arbeitsgruppe um den renommierten Ökonomen Lord Jim O'Neill hat vor einigen Jahren im Auftrag der britischen Regierung die AMR-Problematik durchleuchtet (O'Neill 2014, 2015a, 2015b, 2015c, 2016a und 2016b). Der 2016 erschienene Abschlussbericht kommt zu einer erschreckenden Prognose: Wenn die Ausbreitung antimikro-bieller Resistenzen so weitergeht wie bisher, müssen wir bis 2050 mit zehn Millionen zusätzlichen Todesfällen pro Jahr und einem Totalverlust von 100 Billionen US-Dollar rechnen. Im schlimmsten Fall wird 2050 alle drei Sekunden ein Mensch an AMR-Erregern sterben. Der Bericht beleuchtet nicht nur das Problem, sondern zeigt auch auf, welche Maßnahmen nötig sind, um diese bedrohliche Entwicklung zu stoppen. Hier die wichtigsten Schritte (O'Neill 2016b):

- Das Bewusstsein in der Öffentlichkeit muss deutlich geschärft werden, sodass Antibiotika wirklich nur dann genutzt werden, wenn sie benötigt werden. Das gilt nicht nur für die medizinische Anwendung, also die Behandlung von Infektionskrankheiten, sondern auch für unsere Ernährung, insbesondere den Verzehr von Fleisch aus industrialisierter Tierzucht.
- Die Forschung und Entwicklung neuer Antibiotika muss durch finanzielle Anreize deutlich verstärkt werden.
- Ergänzend dazu muss die Forschung und Entwicklung alternativer Antiinfektiva, insbesondere von Impfstoffen und Diagnostika, vorangetrieben werden.
- Der Antibiotika-Einsatz in der Landwirtschaft muss insbesondere in der industrialisierten Tierzucht und Tiermast sehr rasch und sehr massiv eingeschränkt werden.
- Die Hygienebedingungen müssen deutlich verbessert werden, insbesondere in Ländern mit niedrigem Einkommen.

Nur wenn diese Schritte konsequent umgesetzt werden, kann die Bedrohung durch AMR-Keime verhindert oder zumindest eingeschränkt werden. Der O'Neill-Bericht schätzt, dass die Umsetzung dieser Maßnahmen innerhalb von zehn Jahren 40 Milliarden US-Dollar kosten würde, also etwa vier Milliarden US-Dollar pro Jahr. Das ist eine hohe Summe. Sie ist aber deutlich niedriger als die bis zum Jahr 2050 zu erwartenden Unkosten von 100 Billionen US-Dollar, wenn wir so weitermachen wie bisher.

7.5 Hindernisse und Lösungsvorschläge

In den vergangenen Jahren sind mehrere Pharmaunternehmen aus der Antibiotika-Entwicklung ausgestiegen (O'Neill 2015c und 2016b). Im Wesentlichen hat der Rückzug ökonomische Gründe. Der gesamte Markt für Antibiotika hat ein Volumen von 40 Milliarden US-Dollar pro Jahr. Der größte Umsatz wird dabei mit sogenannten Generika gemacht. Dies sind preisgünstige Nachahmerpräparate von Originalmedikamenten, bei denen der patentrechtliche Schutz abgelaufen ist. Patentierte Antibiotika, mit denen sich deutlich höhere Preise erzielen lassen, haben dagegen einen sehr viel geringeren Marktanteil. Die Pharmafirmen erzielen damit lediglich Einnahmen von 4,7 Milliarden

US-Dollar. Im Vergleich zu den Umsätzen der „Blockbuster"-Medikamente, die zur Behandlung von Herz-Kreislauf-Erkrankungen oder Krebs eingesetzt werden, ist dies eine verschwindend kleine Summe.

Für den Verbraucher ist es natürlich erst einmal von Vorteil, dass die Antibiotika-Behandlung im Vergleich zu anderen Indikationen, die häufig eine lebenslange Behandlung benötigen (z.B. Bluthochdruck oder Diabetes), geringere Kosten verursacht. Auf der anderen Seite fehlt aber damit für die Pharmaindustrie der finanzielle Anreiz, neue Antibiotika zu entwickeln. Aus diesem Grund haben manche Unternehmen ihre Forschungsaktivitäten auf diesem Gebiet aufgegeben. Wenn man den Nachschub neuer Antibiotika erhalten will, wird man nicht darum herumkommen, gezielt die Forschung und Entwicklung neuer Antibiotika finanziell zu unterstützen. Auf der anderen Seite könnten Pharmafirmen, die selbst nicht in die Antibiotika-Forschung und -Entwicklung investieren, dazu verpflichtet werden, ebenfalls einen Beitrag dazu leisten, indem sie eine entsprechende Abgabe zahlen. Um auch die akademische Forschung zu verstärken, sollten Innovationspreise für die Neuentdeckung von Antibiotika ausgeschrieben und die Forschung zu neuen Antibiotika direkt unterstützt werden.

EIN PAKET VON MASSNAHMEN

Daneben muss auch die Forschung und Entwicklung alternativer Antiinfektiva stärker vorangetrieben werden, insbesondere für Impfstoffe (O'Neill 2016a). Dass der Einsatz von Impfstoffen den Antibiotika-Verbrauch senken kann, hat das Beispiel der Pneumokokken-Impfung gezeigt. Durch diese Impfung konnte bei Kindern unter fünf Jahren der Antibiotika-Verbrauch um fast die Hälfte gesenkt werden. Der Grund ist ganz einfach: Wenn Kinder durch die Impfung vor einer Pneumokokken-Pneumonie geschützt sind, ist auch keine Behandlung nötig und Ansteckungen anderer werden verhindert.

Außerdem sollte die Entwicklung alternativer Therapeutika – hierzu gehören beispielsweise Immunstimulatoren, immunologische Substanzen mit antibakterieller Wirkung oder spezifische Antikörper zur passiven Immunisierung gegen AMR-Erreger – stärker gefördert werden. Impfstoffe und alternative Therapeutika sollten zudem nicht nur in der Humanmedizin, sondern auch in der Tiermedizin verstärkt genutzt werden. Gerade in der Tierzucht könnte dies zu einer deutlichen Senkung des Antibiotika-Verbrauchs führen, insbesondere dann, wenn dies durch deutlich verbesserte Hygienestandards unterstützt wird.

Weiterhin wäre eine schnellstmögliche Diagnose von AMR-Keimen sehr hilfreich, denn je schneller ein Antibiotikum eingesetzt wird, umso schneller kann es wirken (O'Neill 2016a). Schließlich muss dafür gesorgt werden, dass die Menschen in den Entwicklungsländern über sauberes Wasser und hygienische Sanitäranlagen verfügen. Damit ließe sich das Auftreten von Diarrhöen um die Hälfte reduzieren. Derzeit sind in Ländern mit niedrigem Einkommen selbst in der Gesundheitsversorgung – u.a. in Kliniken – die Hygienebedingungen häufig ungenügend. Weltweit müssen sich immer noch 900 Millionen Menschen mit Einrichtungen des Gesundheitswesens zufriedengeben, in denen weder Sanitäreinrichtungen noch Trinkwasser zur Verfügung stehen.

Schließlich müssen die Abwässer aus Haushalten sowie die Gülle aus Tierzuchtanlagen besser aufbereitet werden (siehe ABB 7.1). Auch Industrieabwässer, vor allem von Firmen, die pharmazeutische Produkte und Vorstufen einschließlich Antibiotika herstellen, sollten nach strengen Vorschriften aufgereinigt werden. Dies betrifft insbesondere Indien und China, weil dort die meisten Firmen ansässig sind, die Medikamentenvorstufen herstellen.

7.6
Eine
ernüchternde
Zwischenbilanz

2019 wurde erstmals geprüft, ob und welche Konsequenzen aus dem Jim O'Neill Bericht gezogen wurden (Clift 2019). Es gab zwar einige erste Erfolge zu vermelden, in den meisten Fällen ist die Bilanz aber eher ernüchternd. Hier sind die wichtigsten Punkte (Erfolge und Pleiten):

- Auf der Erfolgsseite stehen mehrere Initiativen zur Förderung innovativer Forschungsarbeiten zu neuen Antibiotika.
- Die anschließende Entwicklung von Antibiotika, aber auch von Impfstoffen und Diagnostika, lässt dagegen weiter zu wünschen übrig.
- Während in den industrialisierten Ländern der Antibiotika-Verbrauch in der Landwirtschaft deutlich zurückgegangen ist, sieht es bei den BRICS-Staaten und Ländern mit niedrigem Einkommen weiterhin düster aus.
- Die Gesundheitsversorgung sowie die Versorgung mit sauberem Wasser und hygienischen Sanitäreinrichtungen in zahlreichen armen Ländern ist immer noch mangelhaft, obwohl eine Verbesserung in diesen Bereichen den Antibiotika-Verbrauch deutlich verringern könnte.
- Die Verfolgung (Surveillance) des Antibiotika-Verbrauchs und der Resistenzentwicklungen, besonders im humanmedizinischen Bereich, bleibt ungenügend.

Offensichtlich haben die Verantwortlichen immer noch nicht die Dringlichkeit dieses Problems erkannt (Box. 7.1).

BOX 7.1

> Ein Antibiotikum ist eine nicht erneuerbare Ressource. Diese Ressource muss für unsere Nachkommen geschützt werden. Dies erreichen wir nur dann, wenn wir bewusster mit dieser Ressource umgehen. «

Quelle: in Anlehnung an Kaufmann, 2016, S. 427

Zehn Bedrohungen für die globale Gesundheit aus Sicht der Weltgesundheitsorganisation (WHO)

8

1. BESTANDSAUFNAHME
2. DIE ZEHN BEDROHUNGEN FÜR DIE GLOBALE GESUNDHEIT

8.1 Bestandsaufnahme

Die Antibiotika-Entwicklung ist eines der wenigen medizinischen Felder, das durch Rückschritt und nicht durch Fortschritt geprägt ist. Wir stehen heute vor dem Problem, dass immer mehr Hospitalismuskeime AMR entwickeln. Damit erhöht sich das Risiko, dass es nach einer Routineoperation zu einer schwer zu behandelnden Infektion kommt. Wir müssen daher alles tun, um zu verhindern, dass uns irgendwann keine wirksamen Antibiotika mehr zur Verfügung stehen. SARS-CoV-2 hat uns in kaum vorstellbarem Ausmaß die Bedrohung durch globale Pandemien vor Augen geführt. Daneben gibt es aber auch noch andere Bedrohungen für die globale Gesundheit, die wir ebenfalls im Blick behalten müssen. Die WHO hat in ihrem 2019 veröffentlichten strategischen Fünfjahresplan zur globalen Gesundheit eine Vision für die Jahre 2020-2025 entwickelt (World Health Organization 2019a).

Die Ziele sind:

- Zugang zu einer universellen Gesundheitsversorgung
- besserer Schutz vor gesundheitlichen Notlagen
- ein gesundes Leben

und all das für jeweils eine Milliarde mehr Menschen als 2019. Dies kann nur gelingen, wenn die Risiken für Gesundheit und Wohlbefinden eingedämmt oder sogar ausgeräumt werden.

8.2
Die zehn
Bedrohungen
für die globale
Gesundheit

Die WHO hat in ihrem Bericht zehn Faktoren aufgelistet, die die größte Bedrohung für die globale Gesundheit darstellen. Sechs davon sind mindestens direkt auf Infektionskrankheiten zurückzuführen, die übrigen vier stehen in mehr oder weniger direkter Verbindung zu Infektionsausbrüchen oder ihrer Ausbreitung. Diese Faktoren wollen wir hier näher beleuchten.

LUFTVERSCHMUTZUNG UND KLIMAWANDEL

Sie sind natürlich per se schon eine enorme Belastung für die Gesundheit. Neun von zehn Menschen atmen täglich verschmutzte Luft ein, die die inneren Organe schädigt, insbesondere die Lunge. Jährlich sterben sieben Millionen Menschen vorzeitig aufgrund von Krankheiten, die auf Luftverschmutzung zurückzuführen sind, die überwiegende Mehrheit in den armen Ländern. Derartige Schädigungen erhöhen aber auch das Risiko für infektiöse Lungenerkrankungen. Das zieht sich von der Tuberkulose über Grippe, Pneumokokken-Pneumonie bis hin zu COVID-19. Auch die Erderwärmung hat gesundheitliche Auswirkungen. Sie begünstigt die Ausbreitung zahlreicher Infektionskrankheiten, insbesondere solcher, die durch Insekten übertragen werden, wie Malaria, Zika und Dengue. Schließlich treten auch Durchfallerkrankungen bei höheren Temperaturen viel häufiger auf.

NICHTÜBERTRAGBARE ERKRANKUNGEN

Hier geht es vor allem um weit verbreitete Krankheiten wie Diabetes, Krebs und Herzkreislauferkrankungen, die zusammen für 70 Prozent aller Todesfälle weltweit verantwortlich sind. Diese Erkrankungen können, wenn Infektionskrankheiten hinzukommen, wie „Brandbeschleuniger" wirken. Dies zeigt sich auch bei SARS-CoV-2-Krankheitsfällen. Weil bei Menschen mit Vorerkrankungen das Immunsystem gestört ist, sind sie deutlich anfälliger für Infektionskrankheiten und leiden häufig unter einem schwereren Krankheitsverlauf.

GLOBALE GRIPPE-PANDEMIE

Sie hängt immer noch wie ein „Damoklesschwert" über uns, auch wenn derzeit ein anderer Erreger, SARS-CoV-2, im Mittelpunkt steht.

Mehr als viele andere Viren verändern sich auch Grippeviren ständig, sodass der Impfstoff immer wieder neu angepasst werden muss. Während wir gegen die saisonale Grippe gut gerüstet sind, können neu auftretende Virustypen außerordentlich gefährlich werden. Eindrucksvollstes Beispiel hierfür ist die sogenannte Spanische Grippe, die 1918 geschätzt 50 Millionen Menschenleben forderte.

FRAGILE UND VULNERABLE LEBENSBEDINGUNGEN

Sie haben gravierende Auswirkungen auf die Gesundheitsversorgung. 22 Prozent der Weltbevölkerung leben aufgrund von Dürrekrisen, Hungersnöten und kriegerischen Konflikten unter prekären Bedingungen. Sie haben keine ausreichende Ernährung, Hygiene und medizinische Versorgung. Solche katastrophalen Zustände fördern Ausbrüche von Infektionskrankheiten. Kleinkinder und werdende Mütter sind ganz besonders gefährdet. Umgekehrt verschärfen bestehende Pandemien wie COVID-19, aber auch AIDS, Malaria, Tuberkulose und Hepatitis, die Anfälligkeit und Verletzbarkeit der betroffenen Menschen.

ANTIMIKROBIELLE RESISTENZ (AMR)

Sie trifft die Menschheit auf unterschiedlichen Ebenen (siehe Kap. 7). Die armen Länder sind ganz besonders von der beängstigend zunehmenden Resistenz der Tuberkulose und Malaria betroffen. In den reichen Ländern nehmen die Hospitalismuskeime stark zu, von denen immer mehr aufgrund der häufigen Antibiotika-Bombardierung resistent werden. Auch der verbreitete Einsatz von Antibiotika in der Tierzucht trägt zu diesem Problem bei.

EBOLA UND ANDERE HOCHRISIKO-ERREGER

Sie haben in jüngster Zeit immer häufiger ihr Bedrohungspotential bewiesen und uns vor Augen geführt, wie ungenügend wir uns auf globale Pandemien vorbereitet haben. Dass sich diese Nachlässigkeit rächt, zeigt der Ausbruch der SARS-CoV-2-Pandemie (siehe Kap. 2).

SCHWACHE PRIMÄRE GESUNDHEITSVERSORGUNG

Sie stellt vor allem in den armen Ländern immer noch ein großes Problem dar. Die WHO hat in den vergangenen Jahrzehnten ihren Schwerpunkt auf die Bekämpfung einzelner Erkrankungen wie AIDS, Tuberkulose und Malaria gelegt (The Global Fund to Fight AIDS, Tuberculosis and Malaria). Ebenso wichtig ist aber eine umfassende und erschwingliche Grundversorgung, die in den jeweiligen örtlichen Strukturen verankert ist. Nur wenn beides funktioniert ist ein Leben in Gesundheit möglich. Dies hat die WHO erkannt. In ihrem Fünfjahresplan hat sie neben den krankheitsspezifischen Kampagnen auch ihre frühere, bis in die 1980er Jahre verfolgte Strategie der primären Gesundheitsversorgung wieder aufgenommen (Kaufmann 2010).

IMPFZAUDERN

Dies hat viele Ursachen. Bei manchen Impfgegnern ist es Unwissenheit, weil sie die Vorteile von Impfungen nicht kennen, andere sind aus Prinzip gegen Impfungen (The Vaccine Confidence Project 2015). Zwar besteht kein Zweifel, dass wirksame Impfstoffe zahlreiche Infektionskrankheiten zurückgedrängt haben und jährlich rund drei Millionen Todesfälle verhindern. Diese Erfolge hängen aber immer von einer hohen Durchimpfungsrate ab. Sobald eine Impflücke entsteht, flackert die Erkrankung wieder auf. Impfgegner und -zweifler gefährden damit realisierbare Erfolge im Kampf gegen Infektionskrankheiten. Um solchen Tendenzen entgegenzuwirken ist es wichtig, dass Sorgen um potentielle (Neben)Wirkungen von Impfstoffen ernst genommen und die Vorteile der Impfung transparent dargestellt werden. Auch davon wird es abhängen, ob der Kampf gegen COVID-19, wenn erst einmal ein Impfstoff nach sorgfältiger Prüfung auf Sicherheit und Wirksamkeit zur Verfügung steht, auch wirklich Erfolg haben wird (siehe Kap. 2).

DENGUE

Wie Malaria und andere Erreger wird auch Dengue von Insekten übertragen. Jahrelang wurde diese Infektionskrankheit unterschätzt. Aufgrund zahlreicher Faktoren wie Klimaerwärmung und eine zunehmend länger andauernde Regensaison in vielen Ländern breitet sich diese Krankheit immer weiter aus. Dengue ist nicht nur ein Beispiel für die zunehmende Bedrohung durch tropische Krankheitserreger, sondern auch für das Wiedererstarken altbekannter Seuchen. Inzwischen ist die Tigermücke, die für diese Erreger als Überträger dient, auch in unseren Breiten aufgetaucht. Auch Zika-, Chikungunya- und West-Nil-Virus-Infektionen wurden vereinzelt in Westeuropa festgestellt (siehe Box 3.1).

AIDS-ERREGER HIV

Zusammen mit Tuberkulose und Malaria gehört auch AIDS zu den bedrohlichen ansteckenden Krankheiten, die uns schon lange in Atem halten (The Global Fund to Fight AIDS, Tuberculosis and Malaria). HIV ist knapp 50 Jahre alt und damit das jüngste Mitglied dieses „Killertrios". Auch wenn die Fortschritte bei der Behandlung von HIV beeindruckend sind, fehlt noch immer ein Impfstoff. AIDS ist weiterhin unheilbar und wird uns noch lange beschäftigen.

Ausblick
9

Diese Broschüre hat sich auf die zwei dringlichsten Aspekte der Infektionsproblematik konzentriert: Die SARS-CoV-2-Pandemie und die rasante Zunahme von AMR. Um uns gegen diese und zukünftige Bedrohungen zu wappnen, müssen wir umgehend in einer konzertierten Aktion Maßnahmen ergreifen, die sowohl schnell als auch nachhaltig wirken. Zunächst einmal sind wir selbst gefordert: Wir müssen uns und andere durch bestmögliche Hygiene, die Einhaltung von Abstandsregeln, das Tragen von Gesichtsmasken und ähnliche Verhaltensregeln schützen. Außerdem müssen Politik, Wirtschaft und Gesellschaft auf allen Ebenen aktiv werden – lokal, national und international. Infektionen sind heute ein weltweites Problem, dass nur global gelöst werden kann. Wir leben in einem globalen Dorf, was sich schon daran zeigt, dass 2019 – also direkt vor der COVID-19-Pandemie – fast fünf Milliarden Fluggäste durch die Welt reisten.

NEUE UND ALTE SEUCHEN

Nicht nur SARS-CoV-2 hat sich rasant über den Globus ausgebreitet. Auch AMR-Keime haben das Zeug dazu, ebenso die bekannten Seuchen wie AIDS und Tuberkulose. Hier zeichnet sich eine gefährliche Entwicklung ab: Derzeit werden alle Kräfte auf die Bekämpfung von COVID-19 gebündelt. Diese Fokussierung ist einerseits verständlich, hat aber zur Folge, dass die Bekämpfung der anderen brodelnden Seuchen vernachlässigt wird. So hat sich in den armen Ländern die medizinische Versorgung für AIDS und Tuberkulose drastisch verschlechtert (World Health Organization 2020a; UNAIDS 2020b; The Global Fund to Fight AIDS, Tuberculosis and Malaria). Weil die Labore mit COVID-19-Tests „überschwemmt" werden, stehen deutlich weniger Laborkapazitäten für die anderen Erkrankungen zur Verfügung. Auch bei Medikamenten und Schutzkleidung gibt es Engpässe. Außerdem wird deutlich weniger Geld in Forschung und Entwicklung sowie klinische Studien zu diesen Krankheiten gesteckt, weil die Fördermittel stattdessen in die COVID-19-Bekämpfung fließen (Tomlinson 2020). Wenn hier nicht bald Abhilfe geschaffen wird, ist zu befürchten, dass als indirekte Folge von SARS-CoV-2 mehr Menschen an Tuberkulose, Malaria und AIDS sterben als direkt an COVID-19.

MENSCH UND VIEH

Pandemien entstehen durch einen vermehrten Kontakt zwischen Tier und Mensch. Fast alle Krankheiten mit Pandemiepotential, die in den vergangenen Jahrzehnten auftraten, sind Zoonosen, also auf Tiere zurückzuführen. Daneben trägt die industrialisierte Tierzucht wesentlich dazu bei, dass sich neue Formen von AMR entwickeln. Eine erfolgreiche Pandemie-Bekämpfung kann daher nur mit einer „One-Health"-Strategie gelingen, die auch die Wechselwirkungen zwischen Mensch, Tier, Umwelt und Gesundheit in den Blick nimmt (Box 9.1).

BOX 9.1

>> Am wahrscheinlichsten taucht solch ein neuer Erreger in einem „Hot Spot" auf, in dem Mensch und Tier in engem Kontakt stehen und größere ökologische, demographische und soziale Veränderungen im Gang sind. Die Mobilität der Menschen sorgt dann für die globale Ausbreitung des Erregers. <<

Quelle: in Anlehnung an Kaufmann, 2010, S. 317

Um die zunehmenden Resistenzen eindämmen zu können, muss der Antibiotika-Einsatz in der Humanmedizin reduziert werden. Außerdem sollten Antibiotika aus allen Bereichen der Tiermedizin, die nichts mit der Behandlung kranker Tiere zu tun haben, schnellstmöglich verbannt werden. Schließlich müssen finanzielle Anreize für die Forschung und Entwicklung neuer Antibiotika sowie alternativer Methoden – insbesondere Impfstoffe – geschaffen werden.

WEGE ZUR BESSERUNG

Die Pandemiebekämpfung muss meiner Ansicht nach auf vier Säulen aufbauen, die ich als „4 E" bezeichne (Box 9.2).

BOX 9.2:
DIE „4 E" DER PANDEMIEBEKÄMPFUNG

Erkennen, was gerade passiert, also durch epidemiologisches Surveillance den lokalen Krankheitsausbruch frühestmöglich ausmachen.
Eingrenzen, was passiert, also durch Pandemiepläne die Verbreitung des Ausbruchs bekämpfen.

Erforschen, was passierte, also die Ausbreitung und Aggressivität des Erregers sowie die Empfänglichkeit der Menschen bestimmen und neue Diagnostika, Medikamente und Impfstoffe entwickeln.

Eliminieren, was als nächstes passieren könnte, also neue Erreger mit Pandemie-Potential voraussagen, um einen Ausbruch zu verhindern.

Quelle: in Anlehnung an Kaufmann, 2010, S. 321-322

Bei der Bekämpfung der Seuchengefahr kommt trotz all ihrer Schwächen der WHO die entscheidende Schlüsselrolle zu. Die WHO kooperiert dabei schon seit längerem mit Organisationen, die sich auf verschiedene Weise in diesem Sektor engagieren. Hierzu gehören u.a. die Coalition for Epidemic Preparedness (CEPI), die Global Alliance for Vaccines and Immunization (GAVI) und der Global Fund against AIDS, Tuberculosis and Malaria (GFATM) (GAVI 2019; The Coalition for Epidemic Preparedness Innovations 2017; The Global Fund against AIDS, Tuberculosis and Malaria). Bereits 2005 hatte die WHO in den überarbeiteten Internationalen Gesundheitsregularien die Blaupause für eine erfolgversprechende Kontrolle globaler Seuchen vorgelegt (World Health Organization 2005). Leider haperte es an der Umsetzung. Denn die WHO ist letztendlich ausführendes Organ ihrer Mitgliedstaaten und hängt von deren Zustimmung und Finanzierung ab. Es ist daher höchst bedauerlich, dass immer wieder nationale Interessen die Oberhand gewinnen und bislang kein global vernetztes Surveillance- und Frühwarn-System aufgebaut werden konnte. Aus meiner Sicht haben die USA mit der offiziellen Verkündung ihres Austritts aus der WHO das falsche Signal zur falschen Zeit gesetzt; das wird nach dem Regierungswechsel hoffentlich rasch rückgängig gemacht. Da sich langfristig die Seuchengefahr nur mit einer „One-Health"-Strategie eindämmen lässt, sollte die WHO zukünftig noch stärker als bisher mit der Weltorganisation für Tiergesundheit WOAH (World Organization for Animal Health) zusammenarbeiten.

BOX 9.3

>> Zur Vermeidung neuer Seuchenausbrüche und der Entstehung neuer Erreger mit AMR wird ein effektives global vernetztes Surveillance-System benötigt, das neu aufkeimende Krankheitserreger umgehend erfasst und schnellgreifende Abwehrmaßnahmen zur Verhinderung ihrer globalen Ausbreitung einsetzt. Zum Ausbau der Frühwarnsysteme müssen die internationalen Gesundheitsvorschriften unter Koordinierung der WHO deutlich gestärkt werden. Dabei muss die WHO ihre Rolle verantwortungsvoll wahrnehmen und Krankheiten nicht nur nach ihrer Verbreitung, sondern auch nach ihrem Gefährdungspotential einschätzen. Zur Früherkennung lokaler Ausbrüche, sei es mit einem Virus mit Pandemie-Potential oder einem Erreger mit neuer AMR, und zur Verhinderung ihrer globalen Ausbreitung muss schließlich die Früherkennung dieser Erreger treten, um die Krankheit gar nicht erst zuzulassen. <<

Quelle: in Anlehnung an Kaufmann, 2010, S. 348

Die Gesundheitsvorsorge ist ein schützenwertes Allgemeingut, das wir mit allen Kräften verteidigen müssen. Dass sich dies langfristig auszahlt, ist eine der Lehren, die wir schon jetzt aus der COVID-19-Katastrophe ziehen können.

FAZIT:
„Das Wissen und die finanziellen Möglichkeiten zu einem Richtungswechsel haben wir – jetzt ist Handeln gefragt."

Quelle: in Anlehnung an Kaufmann, 2010, S. 28

Beigel, J.H. (2020). *Remdesivir for the Treatment of COVID-19* – Final Report. N. Engl. J. Med. Weblink: DOI: 10.1056/NEJMoa2007764

Benning, R. (2020). *Hähnchenfleisch im Test auf Resistenzen gegen Reserveantibiotika.* Bonn: Germanwatch. Weblink: https://www.germanwatch.org/de/19459

Braun, J. et al. (2020). *SARS-CoV-2-reactive T cells in healthy donors and patients with COVID-19.* Nature, in press. Weblink: https://doi.org/10.1038/s41586-020-2598-9

Bundesministerium für Gesundheit. (2011). *DART – Deutsche Antibiotika-Resistenzstrategie.* Berlin: Bundesministerium für Gesundheit. Weblink: https://www.bundesgesundheitsministerium.de/themen/praevention/antibiotika-resistenzen/antibiotika-resistenzstrategie.html

Bundesministerium für Gesundheit. (2020). *Antibiotika Resistenzen vermeiden: Vierter Zwischenbericht 2019.* Berlin: Bundesministerium für Gesundheit. Weblink: https://www.bundesgesundheitsministerium.de/fileadmin/Dateien/5_Publikationen/Praevention/Broschueren/DART2020_4-Zwischenbericht_2019_DE.pdf

Clift, C. (2019). *Review of Progress on Antimicrobial Resistance: Background and Analysis.* London. Weblink: https://www.chathamhouse.org/sites/default/files/publications/research/2019-10-11-AMR-Full-Paper.pdf

Commission on a Global Health Risk Framework for the Future. (2016). *The Neglected Dimension of Global Security: A Framework of Counter Infectious Disease Crises* (2016). Washington: National Academies Press. Weblink: https://nam.edu/wp-content/uploads/2016/01/Neglected-Dimension-of-Global-Security.pdf

Corman, V.M. et al. (2020). *Detection of 2019 novel coronavirus (2019-nCoV) by real-time RT-PCR.* Eurosurveillance. 25(3):2000045. Weblink: https://doi.org/10.2807/1560-7917.S.2020.25.3.2000045

COVAX. (2020). *CEPI's response to COVID-19.* Oslo/London/Washington: The Coalition for Epidemic Preparedness Innovations (CEPI). Weblink: https://cepi.net/COVAX/

Deutsche Akademie der Naturforscher Leopoldina. (2013). *Antibiotika-Forschung: Probleme und Perspektiven, Stellungnahme.* Akademie der Wissenschaften in Hamburg, Berlin/Boston. Weblink: https://doi.org/10.1515/9783110306897

European Centre for Disease Prevention and Control. (2020a) *Factsheet for experts – Antimicrobial resistance.* Solna: European Centre for Disease Prevention and Control. Weblink: https://

www.ecdc.europa.eu/en/antimicrobial-resistance/facts/factsheets/experts

European Centre for Disease Prevention and Control. (2020b) *Factsheet for the general public – Antimicrobial resistance.* Solna: European Centre for Disease Prevention and Control. Weblink: https://www.ecdc.europa.eu/en/antimicrobial-resistance/facts/factsheets/general-public

European Centre for Disease Prevention and Control. (2020c). *COVID-19 pandemic.* Solna: European Centre for Disease Prevention and Control (ECDC). Weblink: https://www.ecdc.europa.eu/en/covid-19-pandemic

Freedberg, D.E. et al. (2020). *Famotidine Use Is Associated With Improved Clinical Outcomes in Hospitalized COVID-19 Patients: A Propensity Score Matched Retrospective Cohort Study.* Gastroenterology. 159(3):1129-31.e3. Weblink: https://doi.org/10.1053/j.gastro.2020.05.053

GAVI. (2019). *The Vaccine Alliance Progress Report 2019*, Genf/Washington: GAVI. Weblink: https://www.gavi.org/sites/default/files/programmes-impact/our-impact/apr/Gavi-Progress-Report-2019_1.pdf

Giamarellos-Bourboulis, E. J., et al. (2020). *Activate: Randomized Clinical Trial of BCG Vaccination against Infection in the Elderly.* Cell 183: 315–323. Weblink: https://doi.org/10.1016/j.cell.2020.08.051

Global Preparedness Monitoring Board. (2019). *A World at Risk – Annual report on global preparedness for health emergencies.* Genf: WHO Press. Weblink: https://apps.who.int/gpmb/assets/annual_report/GPMB_Annual_Report_English.pdf

Grifoni, A. et al. (2020). *Targets of T Cell Responses to SARS-CoV-2 Coronavirus in Humans with COVID-19 Disease and Unexposed Individuals.* Cell 181(7):1489-501.e15. Weblink: https://doi.org/10.1016/j.cell.2020.05.015

Ingram, J. R. et al. (2018) *Exploiting Nanobodies' Singular Traits.* Annual Review of Immunology 36: 695-715. Weblink: https://www.annualreviews.org/doi/abs/10.1146/annurev-immunol-042617-053327

Johns Hopkins Coronavirus Resource Center. Weblink: https://coronavirus.jhu.edu/map.html

Jonas, O. B. (2013). *Pandemic risk, Background Paper for the World Development Report 2014.* Washington: The World Bank. Weblink: https://www.worldbank.org/content/dam/Worldbank/document/HDN/Health/WDR14_bp_Pandemic_Risk_Jonas.pdf

Kaufmann, S.H.E. (2007). *Wächst die Seuchengefahr? Globale Epidemien und Armut: Strategien zur Seucheneindämmung in einer vernetzten Welt* (Klaus Wiegandt, Hg.). Frankfurt a.M.

Kaufmann, S.H.E. (2010). *Wächst die Seuchengefahr? Globale Epidemien und Armut: Strategien zur Seucheneindämmung in einer vernetzten Welt* (Klaus Wiegandt, Hg.), 2. Aufl. Frankfurt a.M.

Kaufmann, S.H.E. (2016). *Wächst die Seuchengefahr – ein Update. In: Mut zur Nachhaltigkeit: 12 Wege in die Zukunft* (Klaus Wiegandt, Hg.). Frankfurt a.M. 403-440.

Kaufmann, S.H.E. (2020). *Vaccination Against Tuberculosis: Revamping BCG by Molecular and Genetics Guided by Immunology.* Front Immunol. 11:316. Weblink: https://doi.org/10.3389/fimmu.2020.00316

Ledford, H. (2020). *The race to make COVID antibody therapies cheaper and more potent.* News, Nature. Weblink: https://doi.org/10.1038/d41586-020-02965-3

MacKenzio, D. (2020) *COVID-19. The Pandemic that Never Should Have Happened, And How to Stop the Next One.* London.

Nemes, E., et al. (2018). *Prevention of M. tuberculosis Infection with H4:IC31 Vaccine or BCG Revaccination.* N. Engl. J. Med. 379(2): 138-149. Weblink: https://www.nejm.org/doi/full/10.1056/NEJMoa1714021

O'Neill, J. (2014). *Review on Antimicrobial Resistance: Tackling a crisis for the health and wealth of nations.* London: The Review on Antimicrobial Resistance. Weblink: https://amr-review.org/sites/default/files/AMR%20Review%20Paper%20-%20Tackling%20a%20crisis%20for%20the%20health%20and%20wealth%20of%20nations_1.pdf

O'Neill, J. (2015a). *Review on Antimicrobial Resistance: Tackling a Global Health Crisis: Initial steps.* London: The Review on Antimicrobial Resistance. Weblink: https://amr-review.org/sites/default/files/SECURING%20NEW%20DRUGS%20FOR%20FUTURE%20GENERATIONS%20FINAL%20WEB_0.pdf

O'Neill, J. (2015b). *Review on Antimicrobial Resistance: Antibiotics in Agriculture and the Environment: Reducing Unnecessary Use and Waste.* London: The Review on Antimicrobial Resistance. Weblink: https://amr-review.org/sites/default/files/Antimicrobials%20in%20agriculture%20and%20the%20environment%20-%20Reducing%20unnecessary%20use%20and%20waste.pdf

O'Neill, J. (2015c). *Review on Antimicrobial Resistance: Securing New Drugs for Future Generations: The Pipeline of Antibiotics.* London: The Review on Antimicrobial Resistance. Weblink: https://amr-review.org/sites/default/files/SECURING%20NEW%20DRUGS%20FOR%20FUTURE%20GENERATIONS%20FINAL%20WEB_0.pdf

O'Neill, J. (2016a) *Vaccines and alternative approaches: Reducing our dependence on antimicrobials.* London: The Review on Antimicrobial Resistance. Weblink: https://amr-review.org/sites/default/files/Vaccines%20and%20alternatives_v4_LR.pdf

O'Neill, J. (2016b). *Tackling drug-resistant infections globally: Final report and Recommendations.* London: The Review on Antimicrobial Resistance. Weblink: https://amr-review.org/sites/

default/files/160518_Final%20paper_
with%20cover.pdf

Paixão, E. et al. (2016). History, *Epidemiology, and Clinical Manifestations of Zika: A Systematic Review.* American Journal of Public Health 106(4): 606-12. Weblink: https://ajph.aphapublications. org/doi/10.2105/AJPH.2016.303112

Pan, H. et al. (2020). *Repurposed antiviral drugs for COVID-19 – interim WHO SOLIDARITY trial results.* Weblink: https://www.medrxiv.org/content/ 10.1101/2020.10.15.20209817v1

Paul-Ehrlich-Institut. *Nebenwirkungen (Webseite).*
Weblink: https://nebenwirkungen.bund. de/nw/DE/home/home_node.html

Peck, K.M. et al. (2015). *Coronavirus Host Range Expansion and Middle East Respiratory Syndrome Coronavirus Emergence: Biochemical Mechanisms and Evolutionary Perspectives.* Annual Review of Virology 2: 95-117. Weblink: https://www.annualreviews.org/doi/ 10.1146/annurev-virology-100114-055029

Pfizer/BioNTech. (2020). Pressemitteilung – 09.11.2020: *Pfizer und BioNTech geben erfolgreiche erste Zwischenanalyse ihres COVID-19-Impfstoffkandidatenin laufender Phase-3-Studie bekannt.* New York: Pfizer Inc./Mainz: BioNTech. Weblink: https://investors.biontech.de/ de/news-releases/news-release-details/ pfizer-und-biontech-geben-erfolgreiche- erste-zwischenanalyse

Policy Cures. (2015). *Measuring Global Health R&D for the Post-2015 Development Agenda.* Sydney: Policy Cures.

Weblink: https://www.mmv.org/ newsroom/publications/measuring- global-health-rd-post-2015-development- agenda

Quaglio G. et al. (2016). *Ebola: lessons learned and future challenges for Europe.* Lancet Infectious Diseases 2016: 259-263. Weblink: https://doi. org/10.1016/S1473-3099(15)00361-8

Recovery Trial. (2020). *Randomized Evaluation of COVID-19 Therapy.* Nuffield Department of Population Health. University of Oxford.
Weblink: https://www.recoverytrial.net/

Robert Koch-Institut. *COVID-19 (Webseite).* Weblink: https://www.rki.de/ DE/Content/InfAZ/N/Neuartiges_ Coronavirus/nCoV.html

Ständige Impfkommission des Deutschen Ethikrates und der Nationalen Akademie der Wissenschaften Leopoldina. (2020) *Positionspapier: Wie soll der Zugang zu einem COVID-19-Impfstoff geregelt werden?* Weblink: https:// www.ethikrat.org/fileadmin/ Publikationen/Ad-hoc-Empfehlungen/ deutsch/gemeinsames-positionspapier- stiko-der-leopoldina-impfstoffpriorisierung. pdf

Stratton, C.W. et al. (2020). *Pathogenesis-Directed Therapy of 2019 Novel Coronavirus Disease.* J. Med. Virol. Weblink: https://doi.org/10.1002/ jmv.26610

Suerbaum, S. et al. (2020) *Medizinische Mikrobiologie und Infektiologie (9. Auflage).* Berlin.

The Coalition for Epidemic Prepared-
ness Innovations. (2017). *New vaccines
for a safer world*. Oslo/London/
Washington: The Coalition for Epidemic
Preparedness Innovations (CEPI).
Weblink: https://cepi.net/

The Global Fund to Fight AIDS, Tuberculosis and Malaria (Webseite). Weblink:
https://www.theglobalfund.org/en/

The Vaccine Confidence Project.
(2015). *The State of Vaccine Confidence*. London: The Vaccine Confidence Project, London School of
Hygiene & Tropical Medicine. Weblink:
https://static1.squarespace.com/
static/5d4d746d648a4e0001186e38/
t/5d75156b63cb4f265725de12/
1567954291535/VCP_The-State-of-
Vaccine-Confidence_2015.pdf

The White House. (2015). *National
Action Plan for Combating Multidrug-
Resistant Tuberculosis*. Washington:
The White House. Weblink: https://
obamawhitehouse.archives.gov/sites/
default/files/microsites/ostp/national_
action_plan_for_tuberculosis_20151204_
final.pdf

Tomlinson, C. (2020). *TB Research
Investments Provide Returns in Combating Both TB and COVID-19: Sustained
and Expanded Financing is Needed
to Safeguard Tuberculosis Research
Against COVID-19-Related Disruptions
and Improve Global Epidemic Preparedness*. New York: Treatment Action
Group. Weblink: https://www.treat-
mentactiongroup.org/publication/tb-
research-investments-provide-returns-in-
combating-both-tb-and-covid-19/

UNAIDS. (2020a). *UNAIDS Data 2020*.
Genf: UNAIDS. Weblink:
https://www.unaids.org/en/resources/
documents/2020/unaids-data

UNAIDS. (2020b). *COVID-19 and HIV: 1
Moment, 2 Epidemics, 3 Opportunities*.
Genf: UNAIDS. Weblink:
https://www.unaids.org/sites/default/
files/media_asset/20200909_Lessons-
HIV-COVID19.pdf

Vfa. (2020a). *Therapeutische Medikamente gegen die Coronavirusinfektion
COVID-19*. Berlin: Vfa. Die forschenden
Pharma-Unternehmen. Weblink: https://
www.vfa.de/de/arzneimittel-forschung/
woran-wir-forschen/therapeutische-
medikamente-gegen-die-
coronavirusinfektion-covid-19

Vfa. (2020b). *Impfstoffe zum Schutz
vor COVID-19, der neuen Coronavirus-
Infektion*. Berlin: Vfa. Die forschenden
Pharma-Unternehmen.
Weblink: https://www.vfa.de/de/
arzneimittel-forschung/woran-wir-
forschen/impfstoffe-zum-schutz-vor-
coronavirus-2019-ncov

Weltgesundheitsorganisation. (2020).
*Ausbruch der Coronavirus-Krankheit
(COVID-19)*. Kopenhagen: WHO Regi-
onalbüro für Europa. Weblink: https://
www.euro.who.int/de/health-topics/
health-emergencies/coronavirus-
covid-19

World Economic Forum. (2016). *The
Global Risks Report 2016*, 11th Edition.
Genf: World Economic Forum. Weblink:
https://www.weforum.org/reports/
the-global-risks-report-2016

World Health Organization. (2005). *International Health Regulations.* Genf: WHO Press. Weblink: https://www.euro.who.int/en/health-topics/health-emergencies/international-health-regulations

World Health Organization. (2006). SARS: *How a global epidemic was stopped.* Genf: WHO Press. Weblink: https://iris.wpro.who.int/bitstream/handle/10665.1/5530/9290612134_eng.pdf

World Health Organization. (2015). *Accelerating progress on HIV, tuberculosis, malaria, hepatitis and neglected tropical diseases - A new agenda for 2016-2030.* Genf: WHO Press. Weblink: https://apps.who.int/iris/bitstream/handle/10665/204419/9789241510134_eng.pdf?sequence=1

World Health Organization. (2017). *WHO list of Critically Important Antimicrobials for Human Medicine (WHO CIA list).* Genf: WHO Press.Weblink: https://www.who.int/foodsafety/publications/cia2017.pdf

World Health Organization. (2019a) *Ten threats to global health in 2019.* Genf: WHO Press. Weblink: https://www.who.int/news-room/spotlight/ten-threats-to-global-health-in-2019

World Health Organization. (2019b). *World malaria report 2019.* Genf: WHO Press. Weblink: https://apps.who.int/iris/handle/10665/330011

World Health Organization. 2019c). *Highest Priority Critically Important Antimicrobials.* Genf: WHO Press. Weblink: https://www.who.int/foodsafety/cia/en/

World Health Organization. (2020a). *Global tuberculosis report 2020 – 14 October 2020.* Genf: WHO Press. Weblink: https://www.who.int/tb/publications/global_report/en/

World Health Organization. (2020b). *Global report on the epidemiology and burden of sepsis.* Genf: WHO Press. Weblink: https://www.who.int/publications/i/item/9789240010789

World Health Organization. (2020c). *DRAFT landscape of COVID-19 candidate vaccines – 2 October 2020.* Genf: WHO Press. Weblink: https://www.who.int/docs/default-source/coronaviruse/novel-coronavirus-landscape-covid-9cf1952c105464714aaaf8c7cd5c5cc8b.pdf?sfvrsn=d6073093_7&download=true

World Health Organization. (2020d) *Antibiotic resistance.* Genf: WHO Press. Weblink: https://www.who.int/news-room/fact-sheets/detail/antibiotic-resistance

World Organization for Animal Health. OIE – World Health Organization for Animal Health (Webseite). Weblink: https://www.oie.int/animal-health-in-the-world/world-animal-health/

DANKSAGUNG

Ich bin der Hessischen Landeszentrale für politische Bildung für die Veröffentlichung der Schrift „COVID-19 und die Bedrohung durch Pandemien" in der Schriftenreihe „Nachhaltigkeit" dankbar. Ich hoffe, dass dadurch die öffentliche Diskussion zu diesem Thema mit angeschoben wird und wir die Bedrohungen durch Pandemien besser in den Griff bekommen werden.

Frau Souraya Sibaei und Frau Sylke Wallbrecht danke ich für ihre Hilfe bei der Erstellung des Manuskripts, Frau Diane Schad für die Umsetzung der Abbildungen und Frau Heidi Niemann für die kritische Durchsicht des Textes.